CAUSERIES AGRICOLES

OU

ESSAIS D'AGRICULTURE

NOUVELLE & PRATIQUE

POUR LE

DÉPARTEMENT DE LA HAUTE-VIENNE & AUTRES DÉPARTEMENTS
DU CENTRE

Par M. A. MOUNIER

PRIX : 2 FRANCS

LIMOGES
Typographie CHATRAS et Comp., rue Turgot, 4

1869

CAUSERIES AGRICOLES

ou

Essais d'Agriculture

NOUVELLE & PRATIQUE

CAUSERIES AGRICOLES

OU

ESSAIS D'AGRICULTURE

NOUVELLE & PRATIQUE

POUR LE

DÉPARTEMENT DE LA HAUTE-VIENNE & AUTRES DÉPARTEMENTS
DU CENTRE

Par M. A. MOUNIER

LIMOGES

TYPOGRAPHIE CHATRAS ET Cie, RUE TURGOT, 6

1869

C.

PREMIÈRE PARTIE.

———

Des terres arables. — De la réserve. — Du domaine. —
Système du demi-assolement en fourrages verts.

———

CHAPITRE Iᵉʳ.

CONSIDÉRATIONS GÉNÉRALES SUR L'AGRICULTURE.

Dans le développement du système agricole auquel je don-
nerai le nom de *système du demi-assolement en fourrages verts*,
je n'ai point la prétention de faire de l'agriculture savante. Les
théories scientifiques, dont on ne saurait nier l'heureuse influence sur toutes les industries, peuvent être assurément très
utiles et très intéressantes pour une certaine classe d'agriculteurs. Mais, comme je m'adresse surtout aux hommes pratiques qui, en général, sont peu versés dans la géologie, la
chimie, la physique, je craindrais, en leur parlant de carbonne,
d'oxygène, d'azote, etc., de rebuter leur attention et de les
voir persévérer dans leurs vieilles habitudes. Il me paraît, au

contraire, nécessaire de leur parler un langage simple et clair, et de ne leur exposer que des notions pratiques et rationnelles.

L'insuccès de la plupart des personnes qui, dans la Haute-Vienne et les départements voisins, ont échoué en agriculture nouvelle, vient, selon moi, de ce qu'ils ont trop pris à la lettre les conseils des savants qui ont écrit pour des contrées dont les produits agricoles diffèrent et doivent différer essentiellement des nôtres. Quels rapports trouverons-nous, en effet, entre nos produits et ceux du Bordelais, de la Touraine ou de la Beauce? Ces dernières contrées ont les céréales ou le vin; nous avons les fourrages. De là, la différence dans les procédés de culture. Laissons-leur, autant que possible, les céréales qui leur donnent de bons produits et nous réussissent peu, et attachons-nous aux fourrages dont la culture est, dans la Haute-Vienne surtout, la moins onéreuse et la plus productive. A eux ce qu'on est convenu d'appeler les quatre, six ou sept assolements; à nous une série indéfinie d'assolements, ou plutôt un genre de culture dont l'idée m'a été suggérée par la façon de procéder des jardiniers de nos villes. Chez ces derniers, une récolte succède toujours immédiatement à une autre; jamais de jachère; les plantes ne mûrissent pas ou rarement, et, par suite, leur terrain, au lieu de s'appauvrir, s'enrichit rapidement.

Tel est le point de départ du système que je serais heureux de voir adopter par nos agriculteurs, qui comprendront sans peine que, dans nos contrées, ce qui, en agriculture, *coûte le moins et produit le plus*, ce sont *les fourrages*. Par fourrages, j'entends tout ce qui peut contribuer à la nourriture des animaux : le seigle, l'avoine, le blé noir (emploi en vert pour ces trois céréales), aussi bien que les herbes naturelles, les plantes fourragères, etc., etc.

Quelques chiffres pris dans les meilleures statistiques suffiront pour démontrer combien est vraie cette assertion, que nous devons, autant que possible, abandonner la culture des céréales et nous appliquer presque exclusivement à celle des fourrages verts ou secs. Dans la Haute-Vienne, et je parle surtout du canton de Saint-Léonard et de quelques autres cantons limitrophes, le seigle, dans les meilleures conditions, donne 6, 7, quelquefois 8; soit en moyenne 7 pour un d'un grain dont la vente est ordinairement peu facile, et dont le produit est si peu rémunérateur qu'il ne couvre pas toujours les frais d'exploitation.

Depuis quelques années, il est vrai, certains propriétaires ont presque totalement abandonné la culture du seigle pour celle du froment. Ils ont eu assurément raison, puisqu'ils ont obtenu un résultat supérieur et par le rendement et par le prix de leurs produits. Mais ce résultat, en général, dû seulement à l'emploi fort coûteux du guano, du phosphate fossile, etc., est-il suffisamment rémunérateur, et permet-il de soutenir la concurrence avec les pays à grande culture ?

A cette question, cherchons une réponse dans la statistique. Dans leurs terrains bien amendés, bien cultivés avec les meilleurs instruments aratoires connus, nos propriétaires obtiennent, pour leurs froments, 7, 8, par exception 9, 10 ; soit en moyenne 8 pour 1 d'un grain dont la qualité ne saurait jamais être comparée à celle des froments de la Limagne, de la Beauce, etc., qui obtiennent ici 14, là 15, 16, ailleurs 17, 18, quelquefois même 20 ; soit en moyenne 16 hectolitres pour 1 d'un froment de qualité supérieure, et souvent sans l'emploi ou du moins avec une quantité moindre des engrais artificiels indiqués plus haut. En outre, leur terrain profond, uni, presque toujours en plaine, leur rend facile l'usage des grandes machines agricoles, dont l'introduction me paraît impossible sur nos terrains quartzeux, granitiques, à pentes rapides, accidentés de mille façons. Les cultivateurs de ces contrées peuvent donc, au prix de 15 fr., livrer au commerce du froment dont l'hectolitre ne leur aura coûté que 7 fr. 50 c., tandis que ce même hectolitre aura coûté 15 fr. à nos producteurs, 1 hectolitre de semence ayant donné aux premiers 16 à 18, et ne donnant aux nôtres que 8 à 9. En d'autres termes, en vendant 1 hectolitre de froment 15 fr., ils auront 7 fr. 50 c. de bénéfice net ; et, avec ce même hectolitre, nos agriculteurs auront à peine couvert leurs dépenses : frais d'exploitation, impôts, intérêt du capital que représente le sol.

Dans de pareilles conditions, la concurrence devient évidemment impossible, et nous sommes logiquement conduits à chercher les moyens de relever notre agriculture de cette écrasante infériorité. Les conséquences d'un tel état de choses seraient mortelles pour notre département que la Providence a cependant bien doté, et dont les ressources sont assurément supérieures à celles de contrées relativement plus riches. Où trouver, en effet, des cours d'eau plus nombreux, plus féconds : *rivières, ruisseaux, sources* dont la dérivation soit plus facile et plus productive ?

Eh bien! suivons l'exemple des pays qui ont abandonné leurs chétives récoltes en céréales pour se livrer uniquement à la culture de la vigne, du mûrier, de l'olivier, etc., et reçoivent, en échange de leur vin, de leur soie, de leur huile, les grains et le bétail qui leur manquent. Les pays à grande culture qui, avec quelques parcelles de fourrages artificiels, ont peine à nourrir les animaux nécessaires à leur exploitation, s'estimeront toujours heureux de nous envoyer leurs produits, et de recevoir, en retour et avec grand profit pour nous, notre bétail si bien apprécié aujourd'hui sur tous les marchés et dans tous les concours régionaux ou autres. Le bénéfice considérable devant résulter de la substitution de l'ancien système agricole par celui que je propose sera, du reste, mis en relief par ce seul rapprochement : deux veaux et deux génisses bien nourris nous produiront, à l'âge d'un an, au moins 800 fr. Réfléchissons à la masse de grains, seigle ou froment, et aux énormes dépenses nécessaires pour réaliser une pareille somme! Avec des fourrages, et des dépenses relativement minimes, le quart des terres consacrées à la culture de ces grains aurait certainement pourvu à la nourriture de nos quatre jeunes animaux.

D'après ce fait, il est facile de juger de l'aisance, de la fortune même répandue, en peu d'années, dans nos campagnes, et, par suite, dans le commerce. Notre département, avec ses belles forêts, ses usines, ses mines, son industrie, serait bientôt l'un des plus riches du centre. Et pour cela, que faut-il? *Le plus de fourrages et le moins de céréales possible.* Dans nos réserves, plus de seigle, peu de froment; dans nos domaines, le grain seulement nécessaire à l'alimentation des colons. Tel est le problème à résoudre, problème dont la solution me paraît être dans la combinaison suivante.

CHAPITRE II.

DE LA DIVISION DE LA PROPRIÉTÉ EN LIMOUSIN, AU POINT
DE VUE AGRICOLE.

Dans la Haute-Vienne, la propriété se divise en réserves ou
exploitations par domestiques et manœuvres, et en domaines
ou exploitations par colons. Occupons-nous d'abord de la réserve, dont nous supprimons les deux assolements ou *étiades*,
et que nous considérons comme un vaste jardin.

DE L'EXPLOITATION DE LA RÉSERVE.

Supposons une réserve de 15 hectares, déjà bien tenue et
pourvue des instruments aratoires nécessaires. La prairie naturelle devant avoir la priorité, nous maintiendrons ou conver-
tirons en prairies naturelles tout ce qui sera susceptible de
l'être; soit, en moyenne, 6 ou 7 hectares, auxquels nous ajou-
terons, en les retournant tous les sept ou huit ans, 1 hectare
ou du moins 50 ares de ray-grass. Le reste sera divisé, par
des lignes réelles ou imaginaires, en six ou huit parcelles plus
ou moins grandes, dans lesquelles nous ne laisserons jamais
mûrir (et seulement en vue de la paille) d'autres céréales que
le froment et l'avoine l'hiver, qui sont les plus productives.

Attachons-nous à une de ces parcelles, dont le mode d'exploitation s'appliquera à toutes les autres que nous aurons déjà
suffisamment amendées et chaulées.

Cette parcelle numéro 1 a reçu au printemps de 1869 les
pommes de terres qui, en octobre, seront remplacées par le
froment, sur lequel, au printemps de 1870, on jettera le trèfle.
Après deux et même trois coupes de ce trèfle, nous le retour-
nerons au mois de septembre de 1871, pour semer dessus l'a-
voine d'hiver que nous laisserons mûrir comme nous l'avons
fait pour le froment.

Après la récolte de cette avoine, c'est-à-dire en juillet 1872,

dans cette même parcelle numéro 1, nous sèmerons immédiatement, et pour l'emploi en vert, soit du sarrazin seul, soit un
mélange de ce dernier avec du seigle, soit de la spergule; ou
mieux encore, ces trois sortes de fourrages dans la même pièce
divisée en trois parties. Cette dernière récolte, prise à la fin
d'août ou au commencement de septembre, permettra de semer
aussitôt du seigle, de la jarrousse ou vesce qui, fauchés en
avril ou en mai de 1873, pourront être remplacés, selon le
terrain ou le besoin de l'exploitation, par des betteraves, des
raves, du maïs, des rutabagas, de la jarousse d'été, de la
spergule, du blé noir, du brôme, des topinambours, etc., etc.

Ces diverses plantes, récoltées en septembre suivant, ramè-
neront le seigle ou la jarrousse pour l'année d'après, à l'exception des parties plantées de betteraves, raves ou topinambours.
Nous laisserons à ces trois dernières plantes tout le temps
nécessaire à leur entier développement, aux raves et topinambours surtout, qui doivent n'être cueillis qu'au fur et à mesure
du besoin. Elles seront remplacées, en février ou en mars 1874,
par les pommes de terre ou par l'avoine d'été dont il ne faut
pas craindre de faire une trop grande étendue, l'avoine qui ne
pourrait être consommée en vert donnant un excellent fourrage
sec lorsqu'elle est fauchée au moment où l'épi va paraître.
Après cette avoine récoltée en juin, blé noir, raves, spergule,
brôme, etc.; après le blé noir et la spergule, fauchés en septembre, vesce, jarousse, seigle.

En un mot, nous imiterons le jardinier qui, lors de l'ensemencement d'un produit quelconque, se préoccupe peu de ce
qui lui succèdera, mais se hâte, aussitôt après la récolte, de
donner à son terrain une nouvelle préparation, et d'y planter
ou semer le légume que demande la saison.

Comme nous l'avons déjà dit, ce mode d'exploitation de la
parcelle numéro 1 indique suffisamment la manière d'exploiter
toutes les autres. Il faudra néanmoins être attentif à varier le
point de départ de la culture de chacune d'elles, pour éviter la
coïncidence des mêmes produits dans toutes. Si, par exemple,
la parcelle numéro 2 avait le seigle au printemps de 1869, ce
seigle aurait dû être fauché en avril et remplacé par une ou
plusieurs des plantes désignées plus haut. Inutile d'ajouter qu'il
faut, à chaque récolte, un profond labour, une bonne fumure,
un ou plusieurs hersages. Cette sorte de rotation, ou mieux,

cette série de fourrages verts se succédant sans interruption, pourra durer indéfiniment, avec retour, tous les sept à huit ans, du trèfle, du froment et de l'avoine d'hiver. Ce terrain, ainsi toujours bien cultivé, fumé, hersé, au lieu de s'épuiser, se sera certainement enrichi et des soins qu'il aura reçus et des débris des plantes qui n'auront presque jamais mûri.

Il serait difficile, je le sais, de procéder d'une façon identique et aussi radicale dans les domaines exploités par colons. Les préjugés et le besoin très réel pour les gens de la campagne de voir, accumulée dans leurs greniers, une provision de grains suffisante pour leur existence et celle de leur famille, serait un obstacle insurmontable. Il ne faut, du reste, jamais exagérer les meilleurs principes et les meilleures méthodes. Mais si le domaine ne peut être traité, dans toutes ses parties, comme la réserve, du moins est-il facile de s'entendre avec le colon pour prendre, dans chaque assolement, une parcelle plus ou moins grande destinée à la culture des fourrages verts, en suivant le mode indiqué plus haut, parcelle qu'on pourrait renouveler tous les six ou huit ans. Les colons les moins intelligents, comme nous le verrons plus loin, s'y prêteraient d'autant plus volontiers que le propriétaire les y encouragerait par une légère remise sur l'ensemble des récoltes. Cette remise pourrait même être retirée au bout de peu d'années, lorsque le colon serait éclairé sur ses véritables intérêts.

Par ce mode de culture, nous arriverons rapidement, surtout dans nos réserves, à une augmentation considérable d'animaux et à une alimentation plus abondante et plus substantielle. Nous augmenterons, dans la même proportion, la masse et la qualité des engrais, dont nous pourrons réserver une partie pour les prairies naturelles. Le même herbager soignera aussi facilement vingt bêtes à cornes que huit ou dix. Pendant le repos du bétail, après le repas du matin, il fauchera et rentrera, en quelques heures et avec l'aide d'une femme et d'un enfant de douze à quinze ans, tout le fourrage nécessaire pour l'approvisionnement du lendemain. Nous aurons diminué d'une manière notable les dépenses de main-d'œuvre, puisque nous aurons supprimé presque tous les frais de sarclage et de battage. Ces considérations réunies encourageront les propriétaires de réserves à persévérer dans la voie où ils sont déjà entrés, et suffiront, j'en ai l'espérance, pour en augmenter le nombre.

On objectera peut-être que la conversion des céréales en fourrages verts ou secs nuira à l'approvisionnement de la litière par la privation de la paille. Cette objection n'a rien de sérieux pour les domaines dont nous ne retirons, en vue des fourrages, qu'une partie, et qu'il serait du reste si facile de leur rendre par quelque défrichement.

Quant à la réserve, outre la menue litière ordinaire, on voudra bien se rappeler que, parmi les six ou huit parcelles, deux au moins produiront, chaque année, la paille du froment et de l'avoine d'hiver qu'on aura laissée mûrir. En cas d'insuffisance, il sera d'ailleurs toujours facile, et certainement très avantageux, de prélever sur les bénéfices, devenus plus considérables, une faible part pour acheter de la paille de seigle chez çe grand nombre de petits propriétaires, fermiers ou bordiers qui, sans fourrages et sans bêtes à cornes, ensemencent plusieurs hectolitres de seigle. Feuilles, fougères, ajoncs, bruyère leur suffisent pour la litière de leurs petits troupeaux de brebis, de chèvres, de porcs. Ce sont eux qui, en général, fournissent la paille nécessaire aux auberges et aux papeteries.

Enfin, notre mode d'exploitation peut être regardé comme une véritable fabrication de bétail; or, le fabricant n'a-t-il pas intérêt à acheter les matières premières qu'il ne récolte pas?

CHAPITRE III.

DU DOMAINE OU EXPLOITATION PAR COLONS.

Pour certains agriculteurs, aux idées préconçues et exclusives, tout l'intérêt agricole se concentre dans la réserve. J'ai, il est vrai, une assez grande prédilection pour ce genre d'exploitation, et je conseille aux propriétaires de réserves de persévérer dans cette voie, en adoptant le mode de culture indiqué plus haut, et évidemment supérieur à la méthode suivie jusqu'à ce jour. La réserve sera toujours, en effet, le point de départ du progrès en agriculture. Là seulement se trouvent, en général, les capitaux nécessaires pour les essais dispendieux, pour l'introduction des machines et outils perfectionnés, des semences nouvelles et des animaux de race. Mais la réserve ne peut être que l'exception, le temps et la possibilité d'une surveillance efficace manquant au plus grand nombre des propriétaires.

D'autres voudraient immédiatement au métayage associer l'industrie agricole. Malheureusement, cette industrie ne saurait de longtemps prendre une certaine extension dans nos contrées si peu avancées au point de vue agricole, et où il nous reste tout à faire pour nous débarrasser des préjugés et des vieilles coutumes. Avant de parler distillerie à nos colons, obtenons d'eux un meilleur choix dans leur outillage ; une attention plus grande dans la préparation et l'emploi de leurs fumiers ; plus de soins dans leurs étables, dans leurs labours, dans la tenue surtout de leurs prairies ; plus de goût enfin pour les fourrages verts. Attendons que, par ce changement inévitable d'ailleurs, propriétaires et colons se soient procuré les capitaux sans lesquels aucune industrie ne saurait prospérer.

Pour nous, plus patients et plus modestes, le véritable côté actuel et pratique de la question paraît être dans la conservation du métayage, dans ses conditions séculaires, mais avec de profondes modifications dans le système d'exploitation.

Le changement à opérer dans la gestion du domaine, voilà le point capital, puisque la fortune publique est là ; puisqu'il n'y a certes aucune exagération à dire que, pour une réserve, il y a cent domaines dont la conversion en réserves est rendue impraticable par l'absence de bras, par l'impossibilité d'une surveillance active de la part du propriétaire. Examinons donc d'abord quel est l'état actuel du domaine ; cet examen nous conduira à un mode de culture qui, sans rien changer à notre système de colonage, augmentera considérablement le produit de la propriété.

ÉTAT ACTUEL DU DOMAINE.

Supposons un domaine de 25 hectares : prés, pacages, terres, châtaigneraies, bruyères, etc. Chaque assolement comprend

environ 4 hectares. Dans l'état actuel, le colon a donc à cultiver, chaque année, 8 hectares de terres : 4 en seigle ou froment ; 4 en blé noir, pommes de terre, raves, etc. Et, pour les
travaux qu'exige cette culture, il serait difficile d'imaginer une
répartition plus vicieuse, plus funeste à nos intérêts et à la
santé des colons. Tout se concentre dans à peu près le quart
de l'année : juin et juillet d'abord ; plus tard, fin septembre et
octobre ; soit environ trois mois et demi pendant lesquels les
colons ont à supporter, outre le poids de la chaleur, un travail
bien au-dessus de leurs forces, qui engendre de nombreuses
maladies et devient mortel pour un trop grand nombre. Aussi,
ce travail, si important d'ailleurs, est-il fait à demi, à la hâte,
dans les conditions souvent les plus déplorables. En juin et
juillet, ils ont tout à la fois à ensemencer le blé noir et les
raves, à buter les pommes de terre, à récolter le foin, le seigle,
le froment, l'avoine. En octobre, il faut aussi récolter le blé
noir et les pommes de terre, transporter les fumiers, ensemencer les terres, recueillir les châtaignes et autres fruits ; et le
soir, jusqu'à dix ou onze heures, au milieu de la poussière et
à la lueur d'une lampe fumeuse, se livrer au battage du blé
noir, dont le grain ne saurait rester dans la paille sans se dété-
riorer rapidement. Pendant ce temps-là, les animaux sont
presque toujours privés des soins que nul n'a le temps de leur
donner.

Telle est l'existence du colon pendant trois mois. Mais, pour
être vrai, il faut se hâter de dire que, pendant le reste de
l'année, c'est-à-dire pendant près de neuf mois, il se dédom-
mage amplement de ce travail forcé. Il s'occupe pour se dis-
traire. Pendant l'hiver, il donne à peine quelques heures de sa
journée à la clôture, au rigolage de ses pacages et de ses prairies, dont la bonne tenue lui serait pourtant si fructueuse, et
pour lesquels, il faut bien en convenir, il n'a pas une grande
passion. Il a dans son grenier du seigle et du blé noir ; dans sa
cave, des pommes de terre et des raves, cela lui suffit.

Pour le convertir à un meilleur système, au double point de
vue du revenu et de la répartition de ses travaux, assurons-lui
alors ce même approvisionnement qui lui tient tant à cœur, et
débarrassons-nous en même temps du soin de vendre nos
grains, nos seigles surtout, dont la vente deviendra de plus en
plus difficile, puisque les ouvriers des villes, des bourgs même,

ne consomment plus de seigle. Pour y parvenir, faisons-lui la proposition suivante :

SYSTÈME DU DEMI-ASSOLEMENT CONVERTI EN FOURRAGES VERTS OU SECS.

Les conditions du bail — logement, chauffage, impôts, prélèvement — restant d'ailleurs les mêmes, au lieu de 4 hectares, le colon en ensemencera la moitié; c'est-à-dire qu'au lieu de 10 hectolitres de seigle, il en sèmera 5, ou 4 de froment, au lieu de 8. Après le battage, il versera dans son grenier, pour sa nourriture, toute la récolte, soit environ 30 hectolitres de seigle ou 28 de froment, semence prélevée, en prenant pour base la moyenne de 7 pour le seigle, et celle de 8 pour le froment. Si le colon ne veut pas consommer lui-même le froment, ce dernier sera vendu immédiatement et remplacé par 30 hectolitres de seigle. L'excédant du prix sera porté en recettes communes. En prenant la cote moyenne du marché, un mois après la récolte, soit 9 fr. pour le seigle, le colon aura reçu à valoir, pour ses 30 hectolitres de seigle, la somme de   270 fr.

Pour le blé noir, même condition; il en sèmera 1 hectolitre au lieu de 2, et en gardera aussi tout le produit; soit, en moyenne, 25 hectolitres qui, à 6 fr., donnent..   150
_____

Il aura donc reçu, en seigle ou blé noir, la somme de...   420 fr.
==========

Comme cette somme était commune entre lui et le propriétaire, ce dernier, outre le prélèvement ordinaire, percevra encore, avant le partage du produit des animaux, une somme égale à celle que le colon aura reçue en grains.

En résumé, le colon n'ensemencera que la moitié de l'assolement actuel et en gardera pour lui la récolte entière, sauf la semence. A titre de compensation, le propriétaire prélèvera (1)

_____

(1) Après un petit nombre d'années, ce prélèvement même cessera au profit de l'un et de l'autre. Chacun reprendra sa part de grains, puisque deux hectares donneront une récolte au moins égale à la récolte actuelle sur quatre, comme il sera démontré plus loin.

l'équivalent en argent sur le produit du bétail. L'équilibre sera ainsi rétabli entre les intérêts de l'un et de l'autre; le propriétaire n'aura plus à se préoccuper du placement de son grain, et le colon sera rassuré sur ses moyens d'existence. Voyons maintenant quelles seront les conséquences de ce nouvel état de choses.

CONSÉQUENCES DIRECTES ET IMMÉDIATES DE L'APPLICATION DU SYSTÈME DU DEMI-ASSOLEMENT EN FOURRAGES.

Il nous restera, chaque année, la moitié des deux assolements : 2 hectares sur l'assolement qui, en 1869, aura produit le seigle ou le froment, et 2 hectares sur celui qui, la même année, aura produit le blé noir; ensemble, 4 hectares que nous consacrerons à la culture des fourrages, en les divisant par parcelles, suivant le mode indiqué pour la réserve. Ainsi, la moitié de l'assolement qui aura donné le seigle ou le froment, en 1869, recevra en septembre la jarousse, la vesce, le seigle, etc. Au printemps de 1870, on jettera sur la moitié de l'autre assolement le ray-grass, le trèfle, l'avoine, le blé noir, le maïs, etc., etc. Il est dès lors facile de juger de l'énorme quantité de fourrages verts ou secs qu'on retira de chaque domaine, le ray-grass, le trèfle, l'avoine, le blé noir même donnant d'excellent fourrage sec au moment de la floraison, s'ils ne peuvent être consommés en vert. Les pacages seront partout fauchés.

La plus-value des animaux aura bien vite augmenté dans des proportions considérables, doublé même, sinon par le nombre, du moins par la valeur intrinsèque de chaque individu parfaitement nourri et soumis à un travail bien plus facile. Douze ou quatorze vaches auront, en effet, à se partager le travail imposé aujourd'hui à six ou huit. On peut objecter l'exiguïté des bâtiments ruraux et l'impossibilité, pour la plupart des domaines, de placer cet excédant d'animaux et de fourrages. L'objection n'est certainement point sans valeur, et je ne prétends pas avoir imaginé le moyen de doubler peut-être la valeur du sol sans qu'il en résulte pour le propriétaire une mise de fonds quelconque. Il ne faut pourtant pas s'exagérer cette dépense qui, dans le plus grand nombre de cas, me paraît devoir être minime. Il suffira certainement, dans les trois quarts des domaines, de la construction d'un simple hangar ou de l'addition d'une étable. L'augmentation du bétail s'obtiendra aussi progressivement par l'élève des jeunes sujets; et, le *Crédit Agricole* aidant, la plupart des propriétaires arriveront au but.

Le colon acceptera-t-il ces nouvelles conditions ? La réponse est facile. Sur seize colons, je me suis adressé à celui que je sais dans une large aisance, et à celui dont le ménage est obligé de s'imposer le plus de privations. Je les ai pris séparément et, après une explication aussi claire que possible du nouveau système, ils ont accepté avec empressement. Plusieurs autres ont demandé à les suivre dans la même voie. Ils ont parfaitement compris combien cette combinaison est avantageuse pour tous. Avec le même personnel, leurs forces seront doublées par cette nouvelle répartition de leur travail qui, pour le bétail et pour eux, quoiqu'en réalité plus considérable, deviendra quotidiennement moindre et plus uniforme, se portant sur dix mois, au lieu de se concentrer et de peser de tout son poids sur les trois mois les plus chauds de l'année. Au moment de la récolte ou de l'ensemencement, ils ne seront plus effrayés par la perspective d'un travail surhumain, n'ayant que la moitié de leur assolement actuel à moissonner ou à ensemencer.

En quelques jours ils enlèveront leurs récoltes, qui auront moins à souffrir de l'influence atmosphérique, ou d'un trop long séjour sur la terre après la maturité. Avec deux hectares à ensemencer au lieu de quatre, ils mettront plus de soins et d'attention au transport et à la division de leurs fumiers, au labour et à la préparation du terrain, au choix et à la mise en terre de leurs semences. Dès la première année ils en augmenteront certainement la fumure, qui sera doublée avant peu. Il leur sera facile enfin, au printemps, de donner un sarclage plus complet.

Dans ces conditions, les terres, mieux cultivées, labourées plus profondément, doublement fumées, arriveront infailliblement à produire, non plus une moyenne de 7 pour le seigle ou de 8 pour le froment, mais de 12 à 14 pour le premier et de 14 à 16 pour le second. Ce résultat même pourra être dépassé lorsque, en alternant, ces céréales tomberont sur les parcelles de fourrages retournées. Ne vendant jamais de grains puisqu'ils consomment toute leur part actuelle, nos deux hommes ont acquis la certitude, avec le nouveau système, d'obtenir avant peu un excédant qui tournera à leur profit et à celui du propriétaire.

Ils ont été frappés surtout du calcul suivant : le produit net et moyen du bétail d'un domaine de six vaches est actuellement de .... 800 fr.

Le prélèvement pour impôts est au moins de...... 200

Reste à partager............................. 600
Dont la moitié pour le colon est de 300

Avec nos fourrages, dont les races porcine et ovine se ressentiront, comme le reste, par la multiplication des topinambours, raves, pommes de terre, etc., au lieu de six vaches médiocrement nourries et souvent épuisées par le travail, nous aurons douze bêtes largement repues et pour lesquelles le labeur n'aura rien de pénible. Nous ne serons plus forcés de vendre à vil prix nos vieilles vaches, dont nous tirerons, au contraire, tout le parti possible en les conduisant à un état complet d'engraissement. Peut-être même trouverons-nous profit à voir reparaître dans nos étables les bœufs qui, avec l'ancien mode et pour des motifs plausibles, y deviennent de jour en jour plus rares. Il n'y a donc rien d'exagéré à dire que le produit net des animaux s'élèvera de 800 à .... 1,600 fr. au moins, somme qui, après le prélèvement pour impôts............. 200

sera ramenée à............................. 1,400
Le maître ayant à prélever, pour seigle et blé noir cédés au métayer (1)..................... 420

Il restera net à partager.................... 980
dont la moitié, pour le colon, sera de........... 490

Ainsi, avec le nouveau mode, nos deux colons percevront, en moyenne, au lieu de 300, 490 fr. sur le produit du bétail, avec la certitude, en outre, de vendre du grain plus tard, ce qui ne leur arrive jamais dans les conditions actuelles.

_____

(1) Nous avons déjà fait observer que ce prélèvement cesserait bien vite au profit des deux. Alors la part du colon, sur le produit du bétail, serait de 700 francs.

Cet excédant de produit aura encore pour résultat de les rassurer contre les terribles éventualités des gelées tardives, de la grêle, du brouillard, d'une mauvaise récolte, enfin. Ils y trouveront toujours les moyens de combler ce déficit en grains, sans recourir à un emprunt écrasant pour eux et pour leurs familles.

Enfin, le colon, obligé désormais de payer son grain par le produit du bétail, s'attachera davantage à la prairie et lui donnera des soins et des engrais qu'il lui a refusés jusqu'à ce jour.

AUTRES CONSÉQUENCES, PLUS LOINTAINES MAIS NON MOINS ASSURÉES, DE LA RÉDUCTION DES CÉRÉALES AU DEMI-ASSO-LEMENT.

Dans ma pensée, deux hectares de terre cultivés avec plus de soin et surtout plus d'opportunité, couverts d'une fumure double sinon en quantité, du moins en qualité, donneront en céréales une récolte dont la valeur se rapprochera de la récolte actuelle sur quatre hectares. Ce fait, que je tiens pour certain d'après une expérience de plusieurs années et une attentive observation des récoltes sur pied; ce fait, dis-je, a été l'objet de l'incrédulité de quelques-uns, d'un doute pour un plus grand nombre. Avec l'ancien mode, disent-ils, nos récoltes donnent, en moyenne, 200 gerbes par hectare; ces récoltes offrent, en général, sur pied, toutes les apparences de l'abondance; la plante est partout assez bien développée; pas ou peu de lacunes sur la surface du sol, qui donnerait difficilement place à un nombre double de gerbes; comment, avec le système nouveau, en obtiendrez-vous 400?

Cette objection est aussi spécieuse que peu fondée. Il serait, en effet, peu conforme à la raison de prétendre à 400 gerbes au lieu de 200 sur la même étendue de terrain. Aussi me suis-je bien gardé de baser mes calculs sur cette donnée évidemment erronée. Ils reposent sur les faits suivants :

A la fin du mois de mai, supposons-nous en présence de deux hectares de seigle ou de froment, ces deux hectares, du reste, réunissant les mêmes conditions au double point de vue de la position et des qualités du sol. Supposons encore ces deux hectares divisés en deux parcelles, n° 1 et n° 2. La parcelle n° 1 fait partie des quatre hectares de l'assolement d'un domaine de six vaches, exploité et fumé dans les conditions ordinaires. La parcelle n° 2, au contraire, forme l'assolement entier d'un domaine de deux à trois vaches, et, ce qui se voit fréquemment chez de petits propriétaires, a reçu à peu près les soins et la fumure qui doivent être la conséquence de notre système. Dans les deux parcelles, la récolte se présente bien, la plante a tout son développement, l'épi est partout en voie de floraison. Au premier aspect, la différence entre les deux ne paraît pas très sensible ; mais faisons le tour des deux champs, examinons-les attentivement, et le n° 2 nous offrira des plantes plus vigoureuses, des tiges plus grosses, plus longues, plus nombreuses, des feuilles plus larges et d'un vert plus foncé. Les agriculteurs les moins expérimentés ne portent pas au-dessous de 70 à 80 gerbes la plus-value d'une parcelle sur l'autre. Et, si cette même parcelle n° 2 avait été préalablement amendée, comme nous le recommandons, par un chaulage et par la culture des plantes fourragères, on ne sortira pas des bornes de la plus complète modération en portant cette plus-value à 100, soit 300 au lieu de 200 gerbes.

Au commencement de juillet, dans le moment où les récoltes jaunissent, pénétrons dans la parcelle n° 1 ; nous y trouverons de nombreux épis de 2 à 4 centimètres, ne contenant rien ou à peine quelques grains étiolés. Suivons avec la main les épis de longueur moyenne, nous sentirons le vide dans quelques alvéoles de la base, du milieu, et dans presque tous ceux de la partie extrême. Rien de semblable dans la parcelle n° 2, dont les épis, plus pressés et tous de longueur au moins ordinaire, se trouvent partout garnis de grains forts et bien nourris.

Si donc les 200 gerbes de la parcelle n° 1 donnent en moyenne 16 hectolitres, il n'y a rien d'exagéré à porter à 30 hectolitres le produit des 300 gerbes du n° 2, soit un excédant de 14 hectolitres. D'où il résulte qu'il manque seulement 2 hectolitres pour que le rendement de la parcelle n° 2 soit double de celui de la parcelle n° 1 ; ou, en d'autres termes, pour que le produit d'un hectare soit égal à celui de deux. Cette différence de 2 hectolitres, ou, en poids moyen, de 144 kilogrammes pour le seigle et de 154 pour le froment, va disparaître et même tourner au profit du n° 2, si nous considérons le poids et la qualité du grain.

Le seigle de la parcelle n° 2 pèsera 73 à 74 kilogrammes, et le seigle du n° 1, 70 à 71 kilogrammes, soit, par hectolitre, un excédant de 3 kilogrammes, ou, pour les 30 hectolitres du n° 2, un total de.............................. 90 kil.

De l'aveu des hommes les plus compétents, 71 kil. de seigle de première qualité, outre une plus grande blancheur et des principes nutritifs plus abondants, donneront au moins 2 kil. de pain de plus que le même poids de seigle médiocre; soit encore, pour les 30 hectolitres du n° 2, un excédant de......... 60

ENSEMBLE............ 150 kil.

Total qui dépasse de 6 kil. le double de la récolte du n° 1 ; ou, comme conclusion, 1 hectare, selon notre système, aura produit 6 kil. de pain de plus que 2 hectares ordinaires, à quoi nous pouvons, en outre, ajouter une économie de travail et de 2 hectolitres 40 litres de semence, puisque nous n'aurons ensemencé que 1 hectare au lieu de 2. Ce même calcul, appliqué au froment, produirait une différence encore plus notable.

CHAPITRE IV.

ERREURS, — PRÉJUGÉS, — ÉMIGRATION.

Ici se présente naturellement l'occasion de mettre en relief tous les avantages de la réduction des céréales au demi-assolement (1), afin de redresser certaines erreurs et certains préjugés, et de rassurer deux classes intéressantes de citoyens : *les commerçants et les ouvriers des villes*. Ces derniers, étrangers aux questions agricoles, pourraient croire, avec une certaine

---

(1) Ce système, du reste, n'a rien d'absolu ; la réduction peut se borner au tiers, au quart, au cinquième même de l'assolement, selon la situation du colon et du propriétaire.

apparence de raison, que la réduction des céréales au demi-assolement aurait pour conséquence une diminution considérable dans le produit des grains, et, par suite, le renchérissement du pain. Quelques mots suffiront pour dissiper cette inquiétude, bien excusable assurément.

Pendant une longue série de siècles, nos terres arables ont toujours produit alternativement, et sans trêve ni repos, le seigle et le blé noir. L'absorption continuelle des sucs ou éléments propres à la nutrition de ces plantes, jointe à la mauvaise culture et à l'insuffisance des engrais comme quantité et comme qualité, a dû inévitablement épuiser ces mêmes éléments dans une proportion assez grande pour priver l'humus de la force nécessaire au développement de ces deux céréales. De là, l'appauvrissement des terres, le faible rendement de six à sept pour un, et quelquefois même la stérilité, comme nous le voyons trop souvent sur certaines parcelles, autrefois fertiles, dont le seigle offre des tiges rares, courtes et grêles, surmontées d'un épi long à peine de 3 à 4 centimètres. Et nos cultivateurs, dans leur ignorance, ne voient pour unique cause à ce malheureux résultat que les sortiléges d'un voisin malveillant, ou une prétendue maladie de la terre appelée par eux *javart*. Il ne leur vient même pas à l'idée que cet épuisement est leur œuvre propre, le triste fruit de leur obstination à exiger toujours du même sol les mêmes produits. Ils ne songent pas au peu de valeur de leurs fumiers dont la quantité seule attire leur attention, mais dont les qualités sont la plupart du temps à peu près nulles, comme j'espère le démontrer plus tard. Il est donc urgent de sortir de cette situation; et, pour y parvenir, le mode proposé paraît, de l'aveu de tout agriculteur, le remède le plus prompt et le plus efficace.

Avec le demi-assolement en fourrages verts, nous laisserons à nos terres le repos dont elles ont un si grand besoin; nous leur rendrons les principes de fertilité si imprudemment épuisés jusqu'à ce jour. Lorsque ce même demi-assolement, déjà amendé, fertilisé par une meilleure culture et par les débris et les sucs des plantes fourragères, recevra les céréales, il recevra en même temps une fumure beaucoup plus riche, la plus grande partie de l'engrais destiné autrefois à quatre hectares étant déversée sur deux.

L'autre demi-assolement, réservé alors pour les fourrages,

n'aura pas à souffrir de cette prodigalité; il trouvera une part égale dans la plus-value produite par l'augmentation du bétail. En effet, si, dans le système actuel, les étables d'un domaine convertissent en fumier médiocre cent cinquante voitures de litière, avec le mode nouveau, toute la litière dont on pourra disposer deviendra un engrais qui aura doublé de valeur, sinon par la masse, du moins par la qualité.

Dans ces nouvelles conditions, comme nous l'avons démontré au chapitre précédent, notre récolte sur deux hectares sera supérieure au produit de l'ancienne sur quatre, avec un grain plus lourd, plus riche en principes nutritifs. La multiplication des animaux viendra, en outre, donner de nouveaux éléments à l'alimentation publique.

Les ouvriers et les populations urbaines n'ont donc rien à redouter de l'application de ce système dans la réalisation duquel ils trouveront, au contraire, une bonne part d'intérêts et de bénéfices.

En voyant accroître leurs ressources, les propriétaires cesseront de s'effrayer des dépenses imposées par le besoin de réparations, de constructions nouvelles, d'améliorations de toute sorte. De là, des entreprises sérieuses et, par cela même, du travail et un large salaire assurés aux ouvriers. De l'aisance des uns découlera le bien-être des autres. Et puis, interrogeons les représentants des petites industries, du commerce de détail des villes, ils nous répondront unanimement que leur industrie, leur commerce prospèrent avec les produits agricoles, la vente des animaux en particulier. Toute bonne foire laisse après elle profits, joie, bons souvenirs dans le centre de population où elle a eu lieu. Le cultivateur qui a bien vendu son bétail abandonne volontiers une partie du prix entre les mains du drapier, de l'épicier, de l'aubergiste, etc., etc.

Reste encore une dernière considération d'une portée non moins grande au point de vue agricole. Tout le monde se préoccupe, à bon droit, de la fâcheuse tendance de l'habitant des campagnes à émigrer dans les villes. Ce fléau de l'agriculture prend chaque jour des proportions nouvelles. Il s'étend de proche en proche; et, avant peu, le mal serait irréparable. L'émigration, d'abord particulière à la Creuse, a franchi les limites de notre département. Chose inouïe, il y a dix ans, le canton de Saint-Léonard et quelques cantons voisins voient partir, chaque printemps, des bandes nombreuses de jeunes hommes dont les bras robustes laissent en souffrance les travaux les plus urgents de la campagne, pour ceux des grandes cités dont ils ne rapportent trop souvent que les vices et les mauvais instincts.

Les commissions de l'enquête se sont préoccupées, je le sais, de ce grave état de choses. Mais, comment arrêter ce courant ? Par quel moyen l'empêcher ? L'enquête, comme la loi, sera impuissante. Tout effort viendra se briser contre le principe de la liberté individuelle. Si nous voulons le remède, sondons la plaie au fond de laquelle nous le trouverons peut-être.

L'émigration a pour cause principale l'intérêt : l'intérêt doit lui être opposé. Dans les conditions actuelles du domaine, le colon, chef d'une nombreuse famille, se voit à peine le grain nécessaire pour l'année. Pour ses besoins journaliers, il a d'avance dépensé, peut-être même dépassé la faible somme de trois cents francs, produit de la moyenne résultant, comme nous l'avons vu, de ses profits sur la vente du bétail. A bout d'expédients, il consent au départ de son enfant. Qui pourrait s'en étonner ? Le jeune homme lui-même, las de n'avoir jamais à sa disposition la moindre pièce de monnaie, se laisse séduire par la perspective d'une journée de trois à quatre francs qu'il pourra dépenser à son gré : il part et la gêne grandit encore au sein de cette famille privée de son meilleur appui.

Ce même malaise ne nous révèle-t-il pas aussi la cause d'une autre plaie non moins fâcheuse : l'esprit de division dans les familles ? Il est bien difficile de trouver la bonne harmonie dans un ménage où l'absence du nécessaire est un mal permanent.

Eh bien ! comme je l'ai démontré précédemment, le système de la réduction au demi-assolement élèvera le produit moyen de son bétail à 1,400 francs, impôts déduits. Après un petit nombre d'années, ce même demi-assolement lui donnera une quantité de grain au moins égale à celle d'aujourd'hui, et il n'aura plus alors à subir le prélèvement prévu de 420 francs pour grains. Sa part sur les 1,400 francs demeurera donc entière, et il aura à percevoir, chaque année, 700 francs au lieu de 300.

En dépensant, comme par le passé, 300 francs pour les besoins de son ménage, il lui restera à toucher, à la fin de l'an-

née, 400 francs, somme avec laquelle entreront chez lui l'aisance, le contentement, le goût du foyer domestique. Une
économie de quelques centaines de francs fera naître le désir
d'une économie plus grande. Le besoin d'amasser croît avec
l'épargne, qui elle-même donne l'ardeur au travail et l'ordre
dans les affaires; et de l'épargne vient bientôt le sentiment de
la possession territoriale. Le besoin d'émigration, et quelquefois même l'esprit de dissentiment prendront alors plus rarement naissance chez des gens pour lesquels une richesse
relative ne sera plus une chimère, et qui trouveront sous leur
propre toit ces ressources que la misère les pousse à demander
aux villes.

Quoi qu'il en soit, la question me paraît assez sérieuse pour
appeler l'attention de l'opinion publique, de l'administration,
du conseil général surtout, dont les membres, habitant pour la
plupart la campagne, sont mieux placés pour en apprécier
toute la portée.

N'Y A-T-IL RIEN A FAIRE AVEC LE COLON?

Dans de fréquentes conversations avec bon nombre d'agriculteurs sérieux, il m'a été donné de constater leur assentiment
complet et sans réserve au système agricole qui vient d'être
exposé. De leur part, nulle objection. Ils hésitent néanmoins à
le mettre en pratique, sans autre motif que la crainte de trouver
le colon inaccessible aux nouvelles idées.

A vrai dire, cette hésitation me paraît naturelle; il est si
difficile, en toutes choses, de s'écarter de la tradition! Je ne
voudrais pas comparer les petites choses aux grandes; mais qui
ne se souvient de l'opposition formidable faite, pendant de longues années, à l'application de nos belles machines à filer ou à
tisser; du dédain pour la vapeur comme moyen de locomotion,
et de l'indifférence pour tant d'autres inventions, l'honneur de
notre époque? Sans sortir de notre sujet, rappelons-nous les
vingt ou vingt-cinq années passées à introduire dans nos contrées et sur une bien faible échelle, le chaulage, la culture du
trèfle, de la jarousse et autres plantes fourragères. Il a fallu les
efforts d'hommes convaincus et incapables de se laisser décou-

rager par les difficultés et par les déceptions. Il y aurait donc
une profonde illusion à espérer l'application générale et immédiate d'un système *nouveau*, surtout en agriculture.

A ce sujet, nos idées, en quelque sorte, sont préconçues.
Nés propriétaires, nous aimons à laisser aller doucement les
choses. Nous les avons vues telles dans notre enfance, telles
nous nous plaisons à les retrouver dans un âge plus avancé.
Un changement quelconque dans le mode d'exploitation avec
lequel nous avons grandi, que nous avons, jusqu'à ce jour,
regardé comme le seul praticable, nous paraît une énormité.
Et puis, ce changement ne dépendant pas uniquement de notre
volonté, mais aussi du concours d'un colon qu'il faut convaincre, dont il faut dissiper les préjugés par le raisonnement, par
la persuasion, nous nous effrayons d'avance de cette sorte de
lutte contre des habitudes séculaires auxquelles, sans nous
l'avouer, nous nous rattachons presque autant que lui. Nos
efforts se bornent à dire, en passant, quelques mots sur les
changements à effectuer, sur les améliorations possibles, à un
colon qui, n'ayant pu nous comprendre puisqu'il y a eu absence
d'explications, nous oppose un demi-refus que nous nous em-
pressons d'accepter, heureux de trouver une excuse à notre
propre inertie dans son ignorance ou dans sa prétendue obstination. Cent fois cette réponse m'a été donnée : « Nous évitons
toute tentative, nous ne cherchons aucune amélioration parce
qu'*il n'y a rien à faire avec le colon*. Et, on avoue ingénûment
qu'on ne lui a rien demandé, rien proposé !

Il n'y a rien à faire ! Voilà la réplique, le mot d'ordre en
quelque sorte. Nous ne prenons pas garde que, à notre insu,
nous calomnions les cultivateurs. Il y a sans doute, parmi eux
comme ailleurs, des intelligences obtuses et des esprits rétifs;
mais, dans l'ensemble, ils sont moins obstinés et plus avides de
progrès qu'on ne le pense. Ne mettent-ils pas la plus grande
ardeur à se disputer les récompenses décernées dans les concours de département, d'arrondissement, de canton? Leur
habileté croissante et leurs efforts à soutenir la lutte dans l'art
de manier la charrue et autres instruments aratoires, ou dans
l'élevage du bétail, ne prouvent-ils pas surabondamment qu'ils
sont accessibles aux saines idées, aux innovations, aux améliorations, lorsqu'ils en ont reconnu la possibilité et l'efficacité?
Ils sont lents à comprendre, il est vrai; plus lents encore à se

décider. Et cela se conçoit ; ils ont un si puissant intérêt à ne pas compromettre leurs seuls moyens d'existence pour eux et leur famille ! Il faut donc, en prenant avec eux l'initiative de toute réforme, les éclairer, les encourager. Lorsque la lumière s'est faite, ils dépassent nos espérances ; il devient quelquefois même nécessaire de les modérer. Bien que les preuves de ce fait soient nombreuses, je me bornerai à deux citations. L'une m'est personnelle, l'autre se rapporte à l'honorable M. Charles de Léobardy, propriétaire à La Jonchère.

M. Charles de Léobardy s'est acquis une réputation si justement méritée, son nom est si honorablement connu pour ses brillants succès dans les concours, il fait tellement autorité dans nos annales agricoles, que je ne puis résister à la tentation de le citer à l'appui de ma thèse. Sans sortir des conditions du métayage, avec des hommes élevés dans les vieilles coutumes agricoles, par son tact, par la persuasion, il a obtenu de beaux résultats, et a certainement plus que doublé le produit de ses domaines. Chaulages, fourrages verts, assolements nouveaux, changements et croisements de races dans les animaux, ses colons se sont prêtés à tout. Il a ainsi, avec grand profit et pour eux et pour lui, transformé sa propriété.

En ce qui nous concerne, nous voulûmes commencer nos chaulages en 1860. Il fallut d'abord ne rien laisser à la charge des colons, ni sur le prix de la chaux, ni sur les dépenses de transport. Nous eûmes néanmoins beaucoup de peine à obtenir l'emploi de quinze quintaux non métriques par domaine. De longues instances, de vives exhortations portèrent, en 1861, notre consommation à 20. Les résultats ne tardèrent pas à démontrer l'utilité de la chaux aux colons qui demandèrent alors l'emploi de quantités plus considérables. Nous attendions ce moment pour leur imposer la légitime obligation de payer la moitié de la chaux et des dépenses. Ils y consentirent tous sans hésitation ; et depuis, nos chaulages se sont élevés à 55 quintaux par an et par domaine.

Pour le trèfle, mêmes difficultés, mêmes résultats. Il ne faut donc désespérer ni de l'intelligence, ni de la bonne volonté du colon. A ses hésitations, opposons énergie et patience ; il connaît le langage des chiffres : parlons-lui surtout cette langue dont l'éloquence est si persuasive. Mettons-lui sous les yeux le compte précédemment établi et par lequel il lui est démontré qu'il percevra, chaque année, sept à huit cents francs au lieu de trois cents. Ce genre d'argumentation a toujours porté la conviction dans l'esprit de ceux auxquels j'ai cru devoir m'adresser. L'opposition du colon, d'ailleurs, est plus apparente que réelle. Elle grandit ou cesse selon le degré d'énergie ou de faiblesse du maître.

Pour rassurer enfin ceux d'entre les propriétaires qui ne seraient retenus que par la mise de fonds nécessaire à la construction d'un hangar ou d'une étable, soit environ 500 ou 600 francs, je ferai observer que cette construction ne deviendra urgente qu'à la seconde année, c'est-à-dire au moment où ils auront acquis la certitude du succès. Dans les bénéfices de la seconde année, ils trouveront encore la majeure partie des fonds destinés à cette dépense. En conséquence, nulle avance, rien de compromis.

CHAPITRE V.

DES FOURRAGES ARTIFICIELS PROPRES A NOS CONTRÉES.

Dans notre système, aux céréales doivent toujours succéder les fourrages artificiels sur les terres arables. Nous allons donc entrer dans quelques détails sur ceux qui conviennent le mieux à nos contrées, en indiquer la culture et les qualités. En précisant l'époque des semailles, nous déterminerons l'espèce de rotation à leur imprimer pour que les têtes de bétail d'une ferme trouvent, chaque jour, ce fourrage à discrétion depuis avril jusqu'en novembre, c'est-à-dire pendant huit mois de l'année.

Je me déclare d'abord partisan de toutes les plantes qui peuvent servir à l'alimentation des animaux; je n'en proscris aucune, et j'approuve de grand cœur les propriétaires qui, en mesure pour cela, les cultivent dans leur ensemble. Mais, en toute chose, il faut envisager le point de départ; il faut tenir compte du peu de lumières, des préjugés, de la timide circonspection de nos colons. Tout changement les inquiète, toute innovation les alarme et leur fait craindre une déception. La prudence est nécessaire là plus qu'ailleurs peut-être; et, en attendant que, par l'expérience et l'exemple, chaque année amène dans leurs habitudes de culture une plante nouvelle, il est bon de ne leur parler d'abord que de celles qu'ils connaissent bien, qu'ils ont déjà expérimentées ou vu expérimenter chez des propriétaires voisins, de celles enfin dont la réussite ne saurait être douteuse pour eux. Ce sont : le ray-grass, le seigle, la jarousse, le trèfle, l'avoine, le blé noir, le maïs, auxquels on peut ajouter la spergule, comme nous le verrons plus loin.

1° LE RAY-GRASS.

Le ray-grass ou ivraie vivace végète avec vigueur dans les sols frais et substantiels. Avec un chaulage, il réussit bien dans les terrains même médiocres. Plante épuisante, comme toutes les graminées, il demande une forte fumure et peut durer de six à huit ans ; mais il vaut mieux le retourner à la cinquième année. On peut considérer cette plante comme une de celles qui, sous un moindre volume, contiennent le plus de substances nutritives. Sa précocité surtout — il monte avant le seigle — doit en encourager la culture. Il donne deux et même trois coupes par an ; chaque coupe doit se faire avant l'apparition des premières fleurs. Dans ces conditions, il donne un excellent fourrage vert ou sec. Il doit être semé au printemps, seul ou sur l'avoine et le blé noir. Semé seul en février ou mars, il donne une belle coupe la même année. Semence : 50 kilogrammes par hectare ; on peut le mélanger avec du trèfle.

2° LE SEIGLE.

Le seigle, qui a aussi pour propriété de devancer le trèfle, est un fourrage excellent pour les vaches laitières. Semé en septembre, et un peu dru, il peut, en mai, être remplacé par le maïs, le blé noir ou les raves.

3° LE TRÈFLE.

Le trèfle rouge offre des avantages trop connus et trop nombreux pour qu'il soit à peine besoin de le rappeler. Avec un chaulage, il prospère dans tous nos terrains, même dans les terres de bruyères récemment défrichées. Le trèfle, fauché de bonne heure, donne jusqu'à trois coupes dans l'année. Mais, comme il ne doit pas durer plus de deux ans, il est presque toujours avantageux d'enfouir la troisième coupe. Il doit être semé au printemps, sur froment ou seigle destinés à mûrir, sur l'avoine ou le blé noir; il est même bon de le semer sur ces deux dernières plantes, lorsqu'elles doivent être fauchées en vert. C'est un excellent moyen de le purger des mauvaises herbes, fauchées elles-mêmes au moment de leur floraison. Semence : 20 à 24 kilogrammes par hectare.

4° LA JAROUSSE.

La jarousse, jarosse ou vesce d'hiver prospère sur les mêmes terrains et dans les mêmes conditions que le trèfle. Elle est pour ce dernier un complément précieux : elle comble souvent l'intervalle qui le sépare du seigle. La jarousse doit être semée à la fin d'août ou dans les premiers jours de septembre, et fauchée en pleine fleur. Semence : par hectare, 100 kilogrammes de vesce ou jarousse, avec 40 kilogrammes de seigle, ou 60 d'avoine d'hiver. La vesce d'été, semée en février ou en mars, remplit le vide entre la première et la seconde coupe de trèfle.

5° L'AVOINE.

L'avoine, semée en février ou mars, donne le fourrage le plus riche en propriétés lactifères, pour les vaches surtout. Semée dru et fauchée à l'apparition des premières fleurs, elle produit un fourrage sec, excellent pour les bêtes à cornes, les moutons et les chevaux.

6° LE SARRAZIN OU BLÉ NOIR.

Le sarrazin ou blé noir est rangé parmi les meilleures fourragères des sols qui lui conviennent, et nulle part il ne se trouve mieux que dans nos contrées. C'est le fourrage qui se produit le plus vite et à meilleur marché; il nourrit le mieux les vaches dont il augmente sensiblement le lait, à condition

qu'il soit coupé au commencement de sa floraison. Donné à
l'étable, il surpasse les propriétés du seigle sous le double rapport de la santé des bestiaux et de la production du lait. Les
bêtes à cornes s'en repaissent avec une telle avidité qu'il est
nécessaire de prendre des précautions contre la météorisation;
mais il suffit, pour l'éviter, de ne donner le sarrazin que le
lendemain du jour où il a été coupé. Le sarrazin vert est aussi
une bonne nourriture pour les porcs. Semé à la fin de mai, il
peut être fauché dans la dernière quinzaine de juillet, et remplacé par les raves, navets, spergule. Un mélange de sarrazin
et de seigle, semé en juillet, peut permettre de prendre une
coupe en automne, et de faucher une seconde fois le seigle au
printemps suivant. Personne n'ignore que le sarrazin retourné
est un excellent engrais pour les terres.

7° DU MAÏS.

On ne saurait contester l'excellence du maïs comme fourrage
vert. Il faut, autant que possible, le semer en ligne, les brins
à 4 centimètres de distance, avec un intervalle de 40 à 50 centimètres entre les lignes. Semence : 260 à 270 litres par hectare. Il doit être coupé au moment où les panicules commencent
à découvrir des fleurs. Il peut succéder avec avantage au seigle
et à la jarousse fauchés en avril et en mai. Il est bon, du reste,
comme pour toutes les autres fourragères, de le semer à trois
ou quatre reprises différentes, avec un intervalle de dix à
douze jours.

8° DE LA SPERGULE.

Enfin, la spergule ou espargoutte, dont la végétation est de
très courte durée; soixante jours suffisent pour sa maturation
complète. Après le léger labour, qui doit être donné aux terres
sur lesquelles viennent de mûrir le seigle et le froment, 80 à
100 litres de semence par hectare peuvent fournir, sans autre
préparation qu'un hersage, une pâture abondante aux bêtes
bovines et ovines, pendant les mois de septembre et d'octobre.
Cette plante n'épuise nullement le sol et produit ainsi de l'engrais sans en avoir demandé. Ses qualités nutritives sont supé-

rieures à celles du trèfle et des herbes d'automne. Retournée en septembre, elle fertilise le sol, et n'apporte ainsi aucun retard aux semailles destinées à ce dernier.

Telles sont les plantes qui, avec les pommes de terre, raves, navets et topinambours, doivent être recommandées, imposées même à nos colons, jusqu'à ce que, par des essais annuels, les betteraves, le brôme, le sainfoin, etc., viennent successivement prendre place dans l'espèce de rotation dont nous allons exposer le mouvement et l'ensemble. N'oublions pas, toutefois, que le trèfle, en raison de ses qualités améliorantes, doit, par l'étendue de sa culture, former le fond principal de nos assolements fourragers.

DISTRIBUTION ET CULTURE DES FOURRAGES VERTS SUR LES DEUX DEMI-ASSOLEMENTS, DEPUIS AVRIL JUSQU'EN NOVEMBRE.

Nous avons pris — on doit se le rappeler — pour terme de comparaison et pour base de nos calculs, un domaine de six vaches, avec deux assolements de chacun quatre hectares. Selon notre système, après l'ensemencement de nos céréales, seigle, froment en octobre, et blé noir en juin, il nous reste deux demi-assolements ou quatre hectares sur lesquels nos fourrages pourront, chaque année, être répartis de la manière suivante :

	hect.	ares.
1º Seigle, 50 ares ; ci..........................	»	50
2º Trèfle, 1 hectare ; ci......................	1	»
3º Jarousse ou vesce, 50 ares ; ci..............	»	50
4º Ray-grass, 50 ares ; ci.................... ..	»	50
5º Avoine, 50 ares ; ci........................	»	50
6º Topinambours, 25 ares ; ci.................	»	25
7º Pommes de terre, 75 ares ; ci..............	»	75
ENSEMBLE, 4 hectares ; ci........	4	»

Le seigle, fauché en avril ou mai, sera remplacé par le maïs ; en mai ou juin, le blé noir succèdera à la jarousse ; l'avoine, en juin et juillet, fera place aux raves et navets, dont la semence pourra aussi s'étendre sur une partie des terres retournées, aussitôt après la récolte du seigle et du froment qu'on aura laissés mûrir. Il sera bon, comme nous l'avons déjà dit, d'ensemencer de spergule tout ou partie de ce qui restera de ces terres.

Avec cette combinaison, nous pourrons, pendant la plus grande partie de l'été, nourrir nos animaux à l'étable et leur donner :

En avril...... D'abord, un mélange de foin et de ray-grass; ensuite, un mélange de foin et de seigle.

En mai....... Ray-grass, seigle purs, jarousse, trèfle.

En juin...... Trèfle, avoine, pacages non susceptibles d'être fauchés et pâturés sur place.

En juillet.... Avoine, seconde coupe du ray-grass, blé noir.

En août...... Blé noir, seconde coupe du trèfle, maïs.

En septembre.. Trèfle, maïs, regain des pacages fauchés en juin pour fourrage sec, et spergule; l'un et l'autre pâturés sur place.

En octobre.... Spergule, troisième coupe du ray-grass, regain non fauché des prairies; le tout sur place.

En novembre.. Regains, raves, navets, topinambours, foin.

On objecte les dépenses pour l'achat annuel des graines de ces plantes; il nous est facile de nous soustraire à cet impôt onéreux en effet. Prenons, dans notre meilleur terrain, une parcelle de 8 à 10 ares; divisons la en cinq parties plus ou moins inégales, et semons-y, en vue de la graine seule, et moins épais par conséquent, du maïs, du ray-grass, de la spergule, de la jarousse, qui, avec quelques branches pour tuteurs, arriveront en parfaite maturité; du trèfle dont nous laisserons mûrir la seconde coupe, et qui, après un battage, nous donnera une bonne semence, dont la seule préparation consistera à faire briser la coque par une meule à cidre. Pendant plusieurs années consécutives, ces graines vaudront assurément celles que le commerce nous livre à grands frais. Pour éviter la dégénérescence, il suffira, tous les quatre ou cinq ans, de les remplacer par de nouveaux achats, ou plutôt par des échanges avec d'autres propriétaires. Nous n'avons pas à nous préoccuper de la semence du seigle, blé noir, avoine, facile à prendre sur nos récoltes ordinaires.

FIN DE LA PREMIÈRE PARTIE.

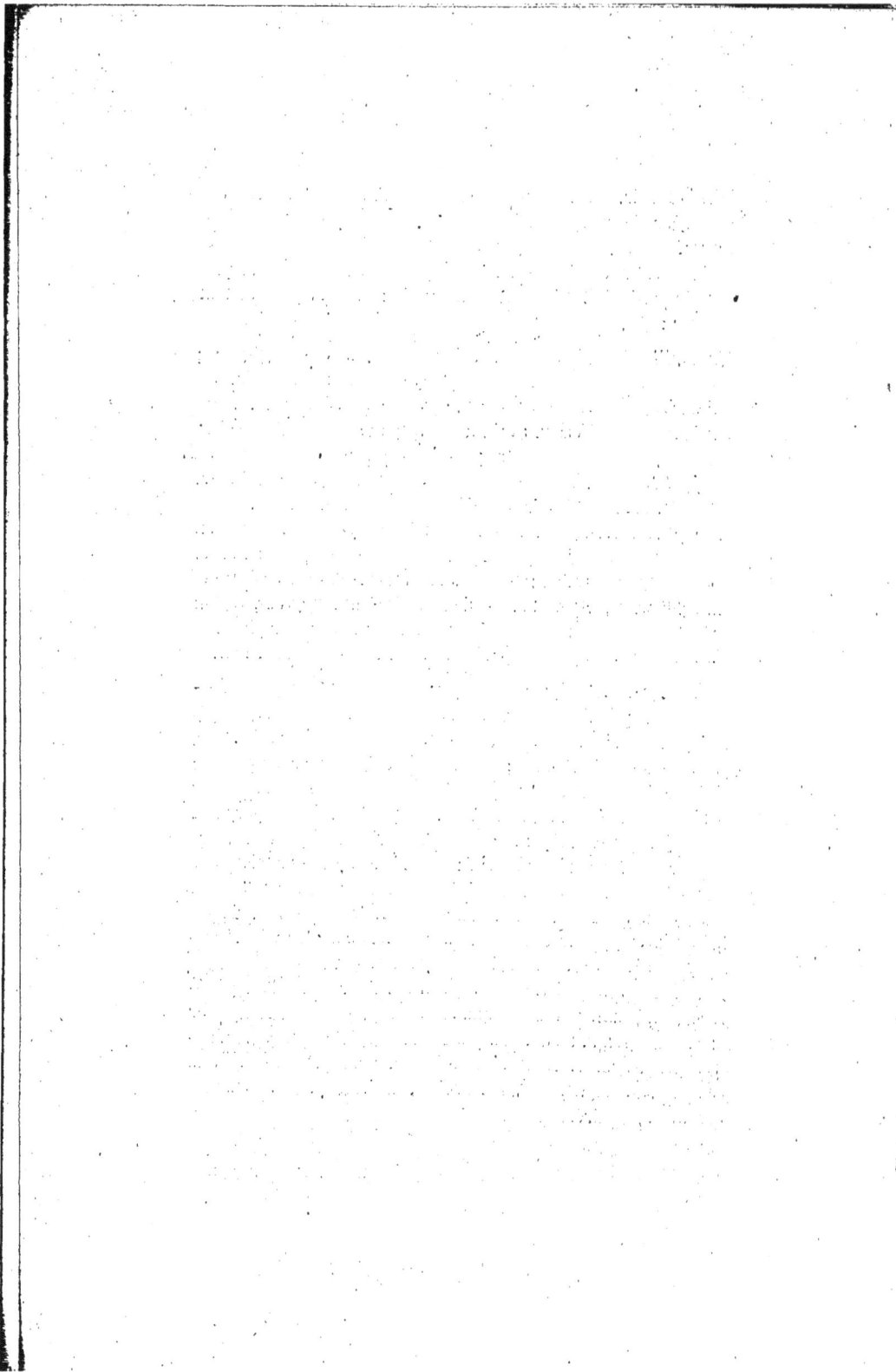

DEUXIÈME PARTIE.

———~~~~~———

Des engrais artificiels. — Des défrichements. — Des fumiers de ferme. — Des bâtiments ruraux.

~~~~~~~~~~

CHAPITRE Ier.

DES ENGRAIS EN GÉNÉRAL. — DES DÉFRICHEMENTS.

En agriculture, quel que soit d'ailleurs le système adopté, ancien mode ou demi-assolement en fourrages verts, réduit même, si l'on veut, au tiers ou au quart, le succès, pour une exploitation rurale, dépendra toujours de la quantité des engrais et de leur qualité. A ce double point de vue, la question des engrais est donc le point capital, et celui sur lequel l'attention doit se porter avant tout.

Il serait, à coup sûr, difficile de préciser la quantité exacte de fumier à donner à chaque hectare, la terre arable changeant, à chaque pas, de nature, de profondeur, de force végétative, et le fumier lui-même contenant, à chaque voiture, une plus ou moins grande abondance de principes fertilisants. A telle parcelle dont le sol est gras, profond, riche en humus, une quantité moindre de fumier frais et long peut suffire. La dose doit être plus forte et le fumier plus consommé pour un terrain léger et sablonneux. On ne saurait craindre, du reste, de jamais trop fumer. En thèse générale, on devra couvrir, par une répartition et une division aussi régulières que possible, la surface du sol d'une couche de 2 à 3 centimètres, selon la qualité du terrain et du fumier; ce dernier sera enfoui immédiatement.

Il faut donc bien se garder de suivre l'usage trop généralement répandu de transporter sur les terres et de mettre en petits tas, plusieurs jours à l'avance, le fumier destiné à les engraisser. Il serait bientôt desséché par l'action du soleil, du vent, de la gelée; ou la pluie en délaverait les parties solubles, et la déperdition des gaz produits par la fermentation deviendrait alors considérable. Les inconvénients de cette fâcheuse négligence sont bientôt révélés par la comparaison de la maigreur du reste du champ avec la vigueur des plantes surexcitées par un trop long séjour de ces petits tas.

Tout laboureur sensé se bornera donc à transporter sur place le fumier seul qu'il peut recouvrir dans la journée. Il ne comparera pas, chaque jour, d'un œil inquiet, la masse d'engrais encore disponible avec l'étendue des terres qui lui restent à ensemencer; comparaison malheureuse qui le pousse trop souvent à une fumure très insuffisante, parce qu'il se croit obligé à jeter quand même ses semailles sur 4 hectares, par exemple, lorsqu'il aurait à peine l'engrais nécessaire pour trois. Cette inintelligente pratique a pour résultat inévitable la médiocrité toujours, et souvent la nullité de la récolte. Il fumera convenablement chaque parcelle, comme si cette parcelle était unique, et sans se préoccuper de la fin de ses labours.

Si son approvisionnement de fumier est épuisé au bout du troisième hectare, il laissera le quatrième. Il obtiendra ainsi un triple bénéfice : une récolte supérieure à ses faibles récoltes ordinaires, avec économie de semence et de travail; l'amélioration des trois hectares parfaitement fumés, et, pour le quatrième hectare, un repos toujours profitable à la terre, sans perte actuelle pour l'agriculteur, qui pourra, au printemps suivant, jeter sur ce même hectare une récolte fourragère. Que le fermier ou le propriétaire ne se lassent pas d'entretenir le colon de l'excellence et de l'efficacité de ce procédé. Qu'ils lui fassent comprendre que les accidents météorologiques, tels que le vent, la surabondance des pluies, une sécheresse trop prolongée, diminuent quelquefois la quantité du fumier ou en altèrent la qualité; que, par conséquent, le colon doit pouvoir disposer, outre la quantité de fumier nécessaire et suffisante dans l'hypothèse des saisons normales et favorables, d'un excédant propre à parer aux éventualités de cet ordre (1).

Aussi devons-nous blâmer la tendance de certains propriétaires à défricher dans le seul but de donner plus d'étendue à leurs terres arables, sans se préoccuper assez de l'augmentation de leurs engrais. Un défrichement est toujours alors une opération malheureuse. Il a seulement son utilité s'il doit remplacer une terre d'égale étendue convertie elle-même en prairie, ou s'il est destiné à un semis quelconque.

Quelquefois, néanmoins, pour la culture des plantes fourragères, il peut venir en aide à des terres devenues insuffisantes par suite d'une notable augmentation des têtes de bétail; et encore avant de procéder à ce défrichement, serait-il plus rationnel de réserver cet excédant de fumier pour les prairies naturelles. Tout défrichement devrait être la conséquence de l'amélioration simultanée des prairies et des terres, et ne devrait jamais la devancer. Avec cette double amélioration viendra, pour nous, le moment de défricher graduellement et avec profit. Laissons aux grands capitaux les grands défrichements qui exigent des dépenses considérables, dont la mise en culture ne peut être réalisée que par l'emploi des engrais artificiels sur lesquels nous aurons bientôt à porter notre attention. Pour nous, possesseurs de la petite et de la moyenne propriété, — je m'adresse surtout à ces deux classes de propriétaires, — suivons les lois de la nature; grandissons avec mesure pour ne pas nous énerver, nous étioler par un développement trop rapide. Mais ne restons pas stationnaires; cet état d'inertie ferait notre ruine.

(1) En d'autres termes, il faut au colon 160 voitures de fumier, en moyenne, pour quatre hectares; il doit donc, dès le commencement de l'année, compter sur 180, s'il ne veut s'exposer à une fumure insuffisante ou à une réduction de ses semailles.

S'il y a nécessité évidente de donner à la terre en culture une quantité d'engrais suffisante pour la parfaite nutrition des plantes, il n'est pas moins important de tenir un compte sérieux de la qualité de cet engrais destiné, en même temps, à réparer l'épuisement de la terre, à lui rendre *tous* les éléments absorbés par ses propres produits, à ajouter peu à peu à la masse et à la puissance de l'humus. En résumé, l'engrais déposé dans la terre doit remplir ce double rôle : *favoriser, autant que possible, le développement des végétaux, et tout à la fois augmenter progressivement la fertilité du sol, au lieu de l'épuiser.*

Nous avons donc à rechercher quels sont les engrais les plus propres à remplir ce double but : *les engrais naturels ou engrais d'étable, et les engrais artificiels.*

DES ENGRAIS ARTIFICIELS.

Les engrais artificiels les plus connus sont : *le noir animal ou noir azoté, le phosphate fossile, la poudre d'os, les différents guanos, la chaux.*

En admettant, par une supposition assez gratuite, que le fond de déloyauté, qui a déjà fait tant de victimes parmi les agriculteurs, ait totalement disparu de la fabrication et de la manipulation de ces engrais, et qu'ils soient tous aujourd'hui de bon aloi, nous leur trouverons les propriétés suivantes : le noir animal et le phosphate fossile, employés sur les défrichements, activent la décomposition des plantes et racines de bruyère, d'ajoncs, etc.; ils absorbent les acides qui sont ordinairement la cause de la stérilité momentanée des terres de bruyères. Le guano et les os pulvérisés donnent une impulsion rapide à la puissance végétative des vieilles terres arables qui se couvrent alors d'une luxuriante récolte. Ce ne sont pas là, malheureusement, les seuls résultats de ce genre de fumure.

Je ne voudrais certes pas médire de ces engrais, ni porter atteinte aux intérêts des honorables fabricants ou trafiquants de cette marchandise; mais, pour rendre hommage à la vérité, on est forcé de reconnaître que l'importation de ces engrais a donné lieu à de profondes illusions et causera certainement de désastreuses déceptions si la prudence la plus attentive cesse de présider à leur emploi.

Sur les défrichements traités avec le noir animal et le phosphate fossile, on peut obtenir deux assez bonnes récoltes : l'une en seigle, l'autre en avoine ou blé noir. Mais, dès la troisième récolte, il faut absolument recourir aux fumiers d'étable. Si, préalablement, on n'a pas augmenté, dans la même proportion, le nombre des animaux par la création de nouvelles prairies ou par la culture des fourragères, où trouvera-t-on, sans priver les vieilles terres, cet excédant considérable de fumier? Comme nous le verrons bientôt, les os pulvérisés et le guano ne sauraient y suppléer sans amener la stérilité au bout de trois ou quatre ans, en vertu de ce principe incontestable que, *plus un engrais est énergique, moins son effet est durable.*

On sera donc réduit ou à priver les anciennes terres, ou à abandonner ce défrichement après deux ou trois récoltes au plus. La première supposition n'étant pas admissible, quelques chiffres vont mettre en relief l'abandon pur et simple.

Un attelage de quatre bœufs peut, dit-on, défricher vingt à vingt-cinq ares par jour, et les prospectus d'engrais artificiels portent à 40 fr. la dépense pour le labourage d'un hectare de landes. Cela me paraît douteux, même pour les contrées où l'on ne trouve que de la bruyère, de la mousse et du gazon. Mais, réfléchissons-y bien, ces défrichements se font presque toujours sur un sol couvert d'ajoncs séculaires, aux racines longues et tenaces, formant un inextricable réseau dont la résistance arrête, à chaque instant, la marche de l'attelage, et force le bouvier à un pénible mouvement de recul pour dégager la charrue. Hommes et bœufs se rebutent facilement, et chaque jour voit briser quelque chose dans les diverses parties de l'instrument aratoire. Une longue pratique de cette sorte de défrichement me permet d'affirmer que, dans ces conditions et malgré la plus active surveillance, le labourage d'un hectare ne coûte pas moins de 120 fr. La dépense peut donc être établie de la manière suivante :

	fr.	c.
Pour le labourage d'un hectare en hiver..........	120	»
Usure et réparation du matériel.................	20	»
Hersage et buttage à la houe, immédiatement après le labourage.	20	»
Second labour et second hersage en septembre ou		

A reporter.......... 160 »

	fr.	c.
Report	160	»
octobre, pour l'ensemencement du seigle	40	»
Semence : deux hectolitres seigle, à 9 fr	18	»
Noir animal : cinq hectol., à 15 fr. 50 c., avec le port	77	50
Moisson, engrangement, battage	40	»
Perte de la pâture des brebis ou des ajoncs comme litière	10	»
ENSEMBLE	345	50

	fr.	c.
Produit de la première récolte :		
En moyenne, seize hectolitres seigle, à 9 fr	144	»
Paille, vingt quintaux métriques, à 4 fr	80	»
TOTAL du produit de la première récolte..	224	»

Cette première récolte peut être suivie d'une seconde en avoine ou blé noir. Donnons, dans nos calculs, la préférence à l'avoine, comme la plus lucrative en cas de succès.

	fr.	c.
Dépense pour cette seconde récolte :		
Labourage, hersage, ensemencement	40	»
Semence : trois hectolitres d'avoine, à 8 fr	24	»
Moisson, engrangement, battage	40	»
Perte pour les brebis et la litière, comme la première année	10	»
TOTAL des dépenses	114	»

	fr.	c.
Produits de la seconde récolte :		
Quinze hectolitres avoine, à 8 fr	120	»
Paille, vingt quintaux métriques, à 3 fr	60	»
TOTAL	180	»

	fr.	c.
En résumé :		
Dépense pour le défrichement et la première récolte	345	50
Dépense pour la seconde récolte	114	»
TOTAL des dépenses pour les deux récoltes..	459	50
Produit de la première récolte .... 224 »		
Produit de la seconde .... 180 »		
TOTAL des produits .... 404 »	404	»
PERTE nette	55	50

Le traitement par le phosphate fossile coûterait 30 francs de moins environ; mais son action est plus lente et même peu sensible sur nos landes d'ajoncs. Ainsi, même dans les meilleures conditions, l'abandon d'un hectare de défrichement, au bout de deux ans, serait inévitablement suivi d'une perte de 55 francs au moins, en faisant, en outre, abstraction du temps et de la surveillance du maître, de l'incertitude toujours grande des récoltes, et de la certitude trop réelle au contraire des dépenses.

L'énergie du guano rend trop rapide son assimilation par les céréales, qu'une croissance prématurée expose alors à être versées au moindre orage. Enfin, son action dure moins que la période de végétation, en conséquence de cette règle générale que *la force fertilisante qui se manifeste avec plus d'énergie et de promptitude est aussi plus promptement épuisée.* De là, surabondance de paille, et, proportionnellement, quantité moindre de grain. Ce développement anormal imprimé aux végétaux, *cette sorte de coup de fouet* a nécessairement pour conséquence l'épuisement de la plupart des éléments qui constituent la fertilité du sol.

La propriété spéciale du guano est, en effet, de communiquer à la terre le phosphate et l'azote, c'est-à-dire un condiment propre à donner une impulsion excessive aux autres nombreux principes qu'il ne rend pas à cette terre, comme le font les fumiers d'étable où la nature semble les avoir *tous* combinés dans de justes proportions. Il épuise la couche terreuse et la puissance de l'humus, sans compensation aucune. Une terre, ainsi traitée pendant plusieurs années successives, donnerait d'abord d'abondants produits, mais, dans un temps donné, tomberait dans un état complet de stérilité; et, comme on l'a déjà dit : *le père aurait mangé le pain de ses enfants.* L'emploi des os pulvérisés aboutirait au même résultat. Telle est pourtant la façon de procéder de certains propriétaires. Par ce mode de fumure, ils croient faire de l'agriculture intensive; oui, sans doute il fait aussi de l'hygiène intensive le buveur de liqueurs fortes et alcooliques, chez lequel une surexcitation factice est bientôt suivie d'un affaissement total !

Mêmes conséquences pour les chaulages, si on négligeait de donner au sol une quantité de fumier d'étable proportionnée à la quantité de chaux répandue. Toute terre chaulée demande une fumure supérieure à la fumure ordinaire. La chaux doit donc être appliquée avec modération; sa marche ascendante doit suivre et non précéder la marche ascendante des fumiers. En d'autres termes, augmentons d'abord nos fumiers, et nous étendrons ensuite nos chaulages.

Ce qui précède explique comment il peut quelquefois y avoir opposition entre les intérêts du propriétaire et ceux du fermier. Avec un bail à courte échéance, c'est-à-dire un bail de sept à neuf ans, le fermier trouvera avantage, pendant les trois ou quatre premières années, à répandre abondamment sur ses céréales la chaux, le guano, etc. Ses dépenses seront largement compensées par l'abondance de ses produits, mais au détriment de l'avenir, au préjudice, par conséquent, du propriétaire qui aura à souffrir de l'épuisement de ses terres, dont la fertilité première sera difficile à ramener. Cette éventualité doit attirer l'attention de tout sage propriétaire dans son traité avec le fermier.

Comme conclusion, le double rôle assigné au fumier ne saurait être rempli par les engrais artificiels. Ils ne doivent prendre dans l'agriculture qu'une place très secondaire : le noir et le phosphate, pour les défrichements destinés à être maintenus; les os pulvérisés et le guano, pour activer la végétation dans certaines parcelles de fourrages verts; ou les uns et les autres, pour entrer en mélange et à faibles doses dans la masse des fumiers de ferme. L'emploi habituel des engrais artificiels pour les céréales serait plus qu'une faute.

CHAPITRE II.

DES FUMIERS DE FERME.

Nous venons de voir l'impossibilité pour les engrais artificiels de remplir le double rôle assigné aux fumiers. Ce rôle semble, au contraire, parfaitement approprié au fumier de ferme, dans la composition duquel la nature, toujours plus habile et plus ingénieuse que l'homme, paraît avoir concentré au plus haut degré les divers éléments de fertilité.

L'analyse chimique, comme l'expérience des siècles, démontre surabondamment que, de la combinaison de ces éléments dans le fumier de ferme, résultent les conditions les plus désirables pour le parfait développement des végétaux, avec augmentation de la fécondité du sol au lieu de son épuisement.

Cet engrais, composé des déjections animales et de débris de végétaux, c'est-à-dire des produits directs de la terre arable, rend à cette dernière les principes similaires antérieurement absorbés par ces mêmes produits. Il les lui rapporte, en outre, avec usure, si une main intelligente et soigneuse a présidé à sa préparation, à sa conservation, à son emploi; si, surtout, il a acquis une qualité supérieure par l'usage habituel des fourragères pour l'alimentation des animaux.

Les végétaux, en effet, les fourragères principalement, qui n'arrivent presque jamais à maturité, retirent de l'air, de la pluie la plus grande partie de leur nourriture. Ces éléments qui leur viennent de l'atmosphère, les végétaux les déposent plus tard, sous forme d'engrais, dans le sein de la terre, à laquelle ils avaient beaucoup moins demandé. Avec eux, on y transporte encore de nombreux détritus, des terreaux, des résidus de toute sorte dont le contingent, étranger lui-même aux productions antérieures de la terre, vient, sans rien devoir à cette dernière, en augmenter la couche arable.

Avec le fumier de ferme, la somme des principes rendus, comparée à la somme des principes absorbés, dépasse donc les limites d'une large compensation. Ainsi progressent peu à peu l'épaisseur de la masse terreuse, la force de l'humus, la puissance végétative; et, avec le temps, les terres atteignent ce degré de fertilité que tout agriculteur étranger ne peut s'empêcher d'admirer et de convoiter dans certaines fermes soumises, de longue date, à un traitement si conforme aux lois naturelles.

Ces considérations me paraissent bien propres à attirer l'attention des propriétaires, et à éveiller leur sollicitude sur un sujet si intéressant pour l'agriculture. L'incurie des colons, en ce qui concerne les soins à donner aux fumiers, est trop notoire pour être révoquée en doute. Ils ne mettent nul discernement dans l'emploi des litières, dans le choix de l'emplacement de leurs tas de fumiers exposés le plus ordinairement à toutes les intempéries. En général, le purin, cette matière si précieuse, *cette eau grasse*, selon leur propre expression, s'écoule en pure perte le long des chemins ou sur des terrains vagues; heureux lorsque ce purin ne pénètre pas dans leur propre habitation ! Telles sont les conséquences d'une longue routine, qui n'a d'autre fondement qu'une ignorance absolue des règles les plus élémentaires de l'intérêt et de l'hygiène. Nos paysans sont cependant doués d'un degré d'intelligence suffisant pour les rendre accessibles au sentiment de leurs véritables intérêts; et, sur ce point, le bon vouloir se manifeste assez facilement dans leurs actes lorsque la conviction a pénétré dans leur esprit. Néanmoins, pour obtenir d'eux la réalisation d'une amélioration quelconque, deux conditions sont essentielles. D'abord, sans paraître rien exiger d'une façon absolue, il faut, par des conseils simples, clairs et répétés, les convaincre de l'utilité de la mesure; il faut ensuite, autant que possible, simplifier et faciliter leur travail.

Dans ce but, et en ce qui concerne les fumiers, le propriétaire doit pratiquer, dans l'intérieur des étables, les changements et les améliorations nécessaires; et faire à l'extérieur, pour un meilleur emplacement des fumiers, quelques travaux peu coûteux d'ailleurs. Nous allons donc rechercher la combinaison la plus propre à nous conduire à ce résultat, sans nous écarter des principes de la plus stricte économie. Ainsi, quoique la situation et la disposition des bâtiments ruraux actuels soient généralement vicieuses, je me garderai bien d'en conseiller la reconstruction à moins d'une nécessité évidente. S'ils sont solides et suffisamment aérés, ils doivent être maintenus.

Cette question, relative aux dispositions à prendre à l'intérieur et à l'extérieur, doit être traitée, on le comprendra sans peine, au point de vue d'abord de la réserve et du domaine, dont le riche possesseur ne se laisse effrayer ni par les constructions nouvelles, ni par les grandes dépenses. Nous aurons ensuite à l'examiner dans l'intérêt de la petite et de la moyenne propriété, qui font surtout l'objet de nos préoccupations, et pour lesquelles, en général, toute dépense un peu considérable est un obstacle au progrès.

CONSTRUCTIONS NOUVELLES.

En approuvant, sans réserve, chez le riche propriétaire, l'application des conditions de régularité, d'harmonie et même de luxe dans les constructions rurales, nous n'avons à nous occuper ici que du côté vraiment utile de la question.

Avant de mettre la main à l'œuvre, le propriétaire doit d'abord choisir avec soin l'emplacement sur lequel reposera le bâtiment nouveau, afin de ne rien perdre, à l'avenir, des résidus de ses étables ou du purin de ses fumiers. Un domaine serait dans de bien mauvaises conditions si cet emplacement n'existait pas pour lui.

Cet emplacement devra donc occuper le point culminant d'une prairie ou d'un terrain pouvant être lui-même converti en prairie. La façade principale, c'est-à-dire l'ouverture des étables, sera, autant que possible, tournée dans la direction du levant au midi. On donnera à chaque porte d'étable 1 mètre 33 centimètres de largeur sur 1 mètre 90 centimètres à 2 mètres de hauteur, afin de faciliter, au besoin, le passage de deux vaches liées ensemble, et la sortie du fumier sur une brouette ou civière. Les étables, dont la longueur variera selon le nombre d'animaux à nourrir, devront être larges de 5 mètres environ et hautes de 2 mètres, avec une ou deux ouvertures grillées dans le fond. Elles seront couvertes d'un plancher suffisant pour garantir le bétail de la poussière du grenier à foin et de la chute des graines qui peuvent recevoir une meilleure destination. S'il y a absence de plancher, ou si ce dernier est en mauvais état, non-seulement les graines ne sont pas utilisées, mais, à la suite des fumiers, elles vont infester les terres d'une foule de plantes parasites, au grand détriment des récoltes. Les mangeoires seront assez espacées pour qu'un animal ne puisse enlever la nourriture de son voisin. Cela est pour l'hygiène.

DISPOSITIONS INTÉRIEURES AU POINT DE VUE DES FUMIERS.

L'assiette de l'étable sera couverte d'un pavé en moellons, avec une double inclinaison de 3 centimètres par mètre, l'une partant des mangeoires, et l'autre du mur qui leur est parallèle. La première s'étendra sur une largeur de 3 mètres, et la seconde sur une largeur de 2 mètres. Leur ligne d'intersection formera, non une rigole profonde qui ne serait pas sans danger pour les hommes et les animaux, mais un caniveau très prononcé.

Ce caniveau, destiné à recueillir l'excédant des urines, se dirigera, avec une pente de 4 à 5 centimètres par mètre, vers l'une des deux extrémités de l'étable pour se déverser dans une fosse à purin, longue d'environ 2 mètres, large de 1 mèt. 30 cent., avec une profondeur de 75 à 80 centimètres.

Cette fosse, située au pied du mur de l'étable, soit à l'intérieur, soit à l'extérieur, mais toujours à l'abri de la pluie, sera surmontée d'un couvercle mobile en planches. Elle sera construite en maçonnerie bien corroyée sur ses quatre faces latérales, avec un pavé dans le fond rendu imperméable par une forte couche de terre glaise bien battue, ou mieux encore par un enduit de ciment romain. S'il y avait inconvénient ou impossibilité à ce que la fosse fût située à l'une des deux extrémités de l'étable, on pourrait la placer vers le milieu, en dedans ou en dehors, au pied du mur parallèle aux mangeoires.

Le caniveau aurait alors une double pente, l'une partant du mur de la façade, l'autre du côté opposé. Dans sa partie la plus basse, c'est-à-dire vers le milieu de l'étable, il se relierait à un second caniveau, qui prendrait lui-même la direction de la fosse. La portion de purin, non absorbée par la litière, s'y dirigerait naturellement; et, chaque fois que le fumier viendrait d'être enlevé, deux fois ou du moins une fois par semaine, le colon ou valet chargé du soin des étables jetterait quelques seaux d'eau sur la place occupée par chaque animal, s'il ne pouvait y diriger le jet d'une fontaine ou d'une pompe. Avec un balai d'aubépine, il pousserait tout le résidu d'abord sur le caniveau, et de là dans la fosse. Cette dernière s'emplirait ainsi d'une sorte de purée qui, délayée avec de l'eau, formerait le meilleur engrais liquide.

Répandu au printemps, et par un temps humide, sur le gazon des prairies, cet engrais en favoriserait singulièrement la végétation par son assimilation rapide. Son application aux céréales ne serait pas sans danger; une sécheresse de quelques jours donnerait lieu à la formation d'une sorte de croûte blanchâtre

sur les feuilles des jeunes plantes, qui risqueraient ainsi d'être
étouffées. Si on était effrayé de la difficulté ou du dégoût qu'in-
spire le transport de cet engrais liquide, il serait facile de le
durcir et de le solidifier. Le valet tiendrait toujours à sa disposition, près de la fosse, une certaine quantité de terre sèche
dont il jetterait quelques pelletées chaque fois que le purin re-
prendrait le dessus, en agitant ce mélange jusqu'à ce qu'il lui
paraîtrait suffisamment durci.

L'établissement de cette fosse, dont la dépense serait bientôt
compensée, aurait pour résultat d'abord de ne rien laisser perdre des résidus et des urines; ensuite, de fournir, au besoin,
un engrais liquide précieux, ou une matière solide qui, desséchée, serait, à coup sûr, préférable au guano. À l'occasion des
litières, nous parlerons des toits à porcs et de la bergerie.

DISPOSITIONS EXTÉRIEURES.

Comme nous l'avons dit plus haut, et nous pouvons l'admettre
par voie de supposition, les portes de nos étables font face au
levant ou au sud. — Du reste, à quelque point de l'horizon que
corresponde la façade principale, les dispositions intérieures et
extérieures peuvent être les mêmes. — La grange domine le
terrain inférieur devenu prairie, dont elle est séparée par l'ai-
rage, au delà duquel nous poserons l'emplacement de notre
fumier. Cet emplacement sera donc sur la limite de la prairie;
un mur de séparation aura été établi entre les deux. Si l'assiette
de notre emplacement repose sur un terrain solide, rocher ou
tuf imperméable, il suffira de l'unir à la pioche; dans le cas
contraire, elle sera recouverte d'un pavé en moellons posés à
plat sur une couche d'argile ou de terre grasse. Ce lit du fumier
sera au niveau du terrain circonvoisin, et ne formera aucune
excavation. Nous verrons plus loin les motifs de cette disposition.

Nous avons tous remarqué la malheureuse habitude qui porte
nos cultivateurs à entasser sur un seul point, pendant quatre
ou cinq mois, leurs fumiers frais sur les fumiers déjà consommés. Si le besoin d'une fumure quelconque arrive, ils sont alors
réduits à prendre le fumier le plus récent, ne pouvant parvenir

à celui dont la décomposition est déjà peut-être trop avancée. Pour obvier à cet inconvénient, ils doivent faire deux tas : le premier contenant le fumier fait pendant les deux ou trois premiers mois de l'intervalle qui sépare les deux principales récoltes, et le second destiné à recevoir le reste.

Dans ce but, le lit du fumier se composera de deux parties distinctes, séparées par un caniveau intermédiaire sur lequel le fumier ne reposera jamais, et qui, formant une sorte de venelle entre les deux tas, leur servira de ligne de démarcation (1). Chacune des deux parties du lit, avec une pente d'environ 30 centimètres, viendra aboutir au caniveau intermédiaire large de 40 à 50 centimètres. Avec une inclinaison·de 30 centimètres aussi, mais dans une direction opposée,· ce caniveau sera perpendiculaire au mur de la prairie sous lequel il passera·par un déversoir. Par la pente donnée aux deux parties du lit, le caniveau intermédiaire recueillera le purin et le conduira, par le déversoir, dans une seconde fosse établie au pied du mur, en dedans de la prairie. Construite dans les mêmes conditions que celles des étables, cette fosse en différera par la·pose d'une bonde, et par des dimensions superficielles calculées d'après la quantité d'eau de source ou de pluie qui pourra y être conduite.

Comme on l'a dit plus haut, le lit du fumier ne formera point d'excavation. Il est nécessaire, en effet, d'en écarter soigneusement les eaux naturelles ou pluviales. Ces dernières, pendant les orages, forment quelquefois des courants rapides qui viennent se heurter contre les tas de fumier, les désagrègent et en entraînent les parties les plus substantielles. Une déperdition si considérable et si fréquente dans nos campagnes, ce lavage désastreux qui enlève trop souvent à nos engrais leur plus grande valeur, peuvent être facilement évités par l'établissement de quelques rigoles ou caniveaux. Ces rigoles, en isolant les fumiers, en contourneront l'emplacement et viendront déverser les eaux dans la fosse de la prairie, qui sera ainsi fumée et fertilisée par ce mélange de l'eau avec le purin.

L'exécution de tout ce qui précède laisserait encore l'œuvre

---

(1) Le colon pourra ainsi prendre, à volonté et selon ses besoins, du fumier frais ou du fumier consommé.

bien incomplète, si nos engrais ainsi placés restaient exposés à l'action délétère du soleil surtout, et de la pluie même réduite à la quantité tombant directement sur la couche superficielle du fumier.

HANGARS. — POMPES A PURIN.

Il nous reste donc encore à prendre deux dispositions très importantes : la construction d'un hangar assez vaste pour abriter le lit entier du fumier, et, comme conséquence, la pose d'une pompe à purin dans la fosse située au pied du mur de la prairie. Le hangar, sans la pompe, serait plus nuisible qu'utile. Le fumier a besoin d'une certaine fraîcheur, d'une quantité d'humidité suffisante pour le préserver de la moisissure, produit inévitable d'une sècheresse prolongée. Or, la moisissure doit être évitée à tout prix : du fumier moisi est du fumier à peu près perdu. La pompe est donc nécessaire pour l'arroser au moins deux fois par semaine, puisque l'abri du hangar le prive de la fraîcheur que lui communiqueraient la pluie et la rosée. L'un est le complément indispensable de l'autre : sans la pompe, mieux vaut supprimer le hangar. Mais la réunion des deux place le fumier dans les meilleures conditions possibles.

Telles sont les mesures qui me paraissent les plus propres à nous conduire à la solution du problème relatif à la préparation et à la conservation du fumier de ferme.

Cependant, leur mise en pratique exige un personnel et une surveillance impossibles à trouver en dehors de la riche réserve ou de l'exploitation modèle. Que de gens se laisseraient effrayer par la perspective des dépenses résultant de l'établissement du hangar et de la pose de la pompe ! combien peu seraient en mesure d'y suffire ! et d'ailleurs, avec leurs habitudes de désordre et de négligence, comment nos métayers, si souvent abandonnés à eux-mêmes, useraient-ils de la pompe mise à leur disposition ? Avant peu elle serait en désordre, ne fonctionnerait plus; elle exigerait, à chaque instant, la main d'un ouvrier habile, toujours difficile à trouver dans nos campagnes. Cette institution du hangar et de la pompe, dans nos domaines en général me paraît bien difficile à réaliser. Il faut alors tâcher d'y suppléer par quelque disposition dont l'exécution simple et facile soit propre à encourager nos propriétaires, et dont la conservation et l'entretien soient en quelque sorte indépendants de la bonne ou mauvaise volonté du métayer.

Dans cet ordre d'idées, nous supprimerons le hangar et la pompe. Nous laisserons à la pluie et à la rosée le soin de l'arrosage de nos fumiers en temps ordinaire. Dans les sècheresses, pour les humecter une ou deux fois par semaine avec un mélange d'eau et de purin pris dans la fosse, nous nous bornerons à l'acquisition d'un seau. Puis, comme il est indispensable de préserver les fumiers de l'ardeur du soleil, il me paraît possible de remplacer assez utilement le hangar par la mesure suivante.

MOYEN SIMPLE ET ÉCONOMIQUE DE SUPPLÉER AU HANGAR ET A LA POMPE.

Reprenons l'hypothèse où le lit du fumier est placé entre les étables et le levant; quelle que soit du reste sa position, le résultat sera le même. Un mur, comme nous l'avons dit plus haut, sépare le fumier de la prairie. Une haie vive, ou une simple palissade pour plus d'économie, pourrait aussi suffire. Le long de ce mur, en dedans de la prairie et à 2 mètres de distance, nous planterons une rangée d'arbres à haute tige, au tronc garni de la base au sommet, assez rapprochés pour permettre à leurs rameaux touffus de s'enlacer, de se confondre en peu d'années. Les diverses sortes de pins, le mélèze, l'if, rempliraient assez bien ce but. Néanmoins, comme l'ombrage n'est vraiment utile à nos fumiers que l'été, je donnerais volontiers la préférence à la charmille. Elle est indigène; notre climat lui convient parfaitement; elle s'accomode de tout terrain et de toute exposition. Robuste et vivace, elle surpasse en longévité la plupart des autres essences. Son feuillage épais et luisant persiste même après que l'hiver l'a desséché. Dès la naissance du tronc, elle se couvre d'une multitude de branches minces et flexibles qui s'entrelacent sans peine et se prêtent à toutes les combinaisons. La charmille ne souffre pas de la taille, qui l'empêche de s'étendre à droite et à gauche. Il est donc facile de lui laisser à peine l'épaisseur d'un mur, ce qui permet de la placer à 1 mètre du lit du fumier, au lieu de 2 mètres. Cette dernière distance serait à peine suffisante pour les pins et les mélèzes, qui ne sauraient être soumis à l'opération de la taille.

Ainsi dirigée, et taillée une fois chaque année, notre rangée de charmille formerait un tout à l'avenir; elle opposerait, en été, un rempart impénétrable aux rayons du soleil. Notre fumier faisant face au levant, nous donnerons à la rangée de charmille la forme d'un angle droit à son extrémité sud. Avec cette disposition, le tas entier de fumier sera abrité, dans la matinée, par la rangée principale; à partir de midi, par la partie formant angle au sud; et dans la soirée, par les bâtiments eux-mêmes dont l'ombre se projettera sur le lit.

Mais, dira-t-on, le pin, le mélèze, l'if, la charmille sont des arbres lents à croître et à se développer. Il vous faudra dix, quinze, vingt ans peut-être pour obtenir un ombrage suffisant. Cela est vrai; aussi prendrons-nous nos dispositions transitoires.

Dans l'espace d'un mètre laissé entre le fumier et la charmille, nous planterons quelques pieux de 3 à 4 mètres de hauteur. Nous les relierons par trois ou quatre lignes de fil de fer destiné à servir de tuteur à quelque plante grimpante, d'une croissance rapide, au feuillage large et épais, la glycine, par exemple. Avec ses innombrables tiges ligneuses et sarmenteuses, la glycine supporte bien la pleine terre, arrive, dès la première année, à plusieurs mètres de hauteur, et finit par en atteindre six ou sept. Elle se multiplie de graines et de boutures. Ce rideau de verdure, formé de feuilles elliptiques, parsemé de longues grappes de fleurs pourprées et odorantes, formerait un véritable massif d'ornement. Il flatterait mieux la vue que l'aspect du fumier, ainsi abrité et dissimulé tout à la fois.

En résumé, avec la suppression du hangar et de la pompe, le maintien des bâtiments actuels suffisamment aérés et offrant assez de solidité, le propriétaire aurait uniquement à se préoccuper de ce qui suit:

A l'intérieur. — 1º Un pavé indispensable pour faire disparaître ces inégalités, ces crevasses profondes qui ne permettent jamais d'enlever complètement les fumiers, à moins d'empêcher les animaux de se coucher et de prendre le repos nécessaire;

2° Un caniveau pour recueillir les résidus et les urines, — une fosse pour les recevoir.

A l'extérieur. — 1° Le lit du fumier avec sa double inclinaison et son caniveau intermédiaire;

2° Le mur séparatif entre le lit et la prairie, ou, pour plus d'économie, une haie vive ou une simple palissade. — Dans l'évaluation des dépenses, nous n'aurons pas à tenir compte de cette séparation nécessaire, quand même, à la clôture de la prairie;

3° La fosse ou pêcherie, dans la prairie, au delà du mur ou de la haie;

4° Des caniveaux ou de simples rigoles, contournant le lit du fumier, pour en détourner les eaux pluviales ou autres, et les conduire dans la fosse de la prairie;

5° La plantation de la charmille, avec la pose provisoire des pieux et de la glycine.

Et, si nous convertissons le tout en chiffres, nous trouverons :

1° Dans l'hypothèse de 10 mètres de longueur sur 4 mètres 50 centimètres de largeur en moyenne, pour chacune des deux étables à vaches, — soit deux fois 45 ou 90 mètres carrés de pavé, avec caniveaux, à 75 centimes le mètre, façon et moellons compris........................... 67 50

2° Pour chaque étable, une fosse à purin dans les conditions indiquées précédemment, — soit deux fosses à 15 fr. l'une................................. 30 »

3° Si nous supposons au lit du fumier une superficie totale de 50 mètres carrés, il coûtera, pour le nivellement du terrain, avec sa double inclinaison, six journées à 1 fr. 50 c............................ 9 »

Pour son caniveau intermédiaire, long de 5 mètres, à 75 centimes le mètre. 3 75

4° La fosse de la prairie, sans couvercle, mais avec bonde, — dans les conditions précitées, — tout compris. .... 20 »

A reporter......... 130 25

Report..........	130	25
5° La rigole contournant le lit du fumier ; — deux journées à 1 fr. 50 c............................	3	»
6° Achat de la charmille.......................	3	»
7° Pose des pieux, du fil de fer pour tenir la glycine..	3	»
8° Achat de plants de glycine..................	3	»
9° Dépenses imprévues.......................	7	75
Total.................	150	»

Ainsi, pour la somme de 150 fr. environ, sans imposer au métayer un surcroît de travail ou des soins et une vigilance au-dessus de sa bonne volonté, chaque propriétaire aurait la satisfaction de voir ses étables en meilleur état, et ses animaux dans des conditions suffisantes d'hygiène et de bien-être. Il ne verrait plus le purin et les résidus des fumiers se perdre sur les chemins, ou former, sur les *airages* et dans les cours, des mares infectes dont les émanations, en été, sont si dangereuses pour la santé des hommes et des animaux. La quantité plus considérable et la qualité meilleure des engrais ne tarderaient pas à donner aux récoltes une plus-value qui l'aurait bientôt indemnisé de ses dépenses. Le colon aurait toujours à sa disposition, et selon ses besoins, du purin ou un excellent guano dans ses fosses ; du fumier frais ou consommé sur le double plan incliné de l'emplacement de ce dernier.

En face de ses bâtiments, notre propriétaire améliorerait ou créerait une prairie toujours plus utile et plus agréable, dans cette situation, que tout autre assolement, dût-on sacrifier même un enclos. Enfin, à sa propre satisfaction et à la réalisation de son intérêt privé, il joindrait le mérite, en donnant l'exemple à ses voisins, d'avoir contribué au développement de l'intérêt général.

CHAPITRE III.

DES DIVERSES LITIÈRES. — DE LA LITIÈRE EN GÉNÉRAL.

Après avoir indiqué les dispositions qui, soit à l'intérieur, soit à l'extérieur, me paraissent les meilleures au point de vue du fumier, il me reste à parler de la préparation, de la conservation, de l'emploi du fumier lui-même.

Le fumier de ferme est le fondement indispensable de l'agriculture et la source de toute industrie. Rien, néanmoins, n'est traité avec une négligence comparable à celle que les agriculteurs, en général, mettent à la manipulation d'une matière si précieuse. Aucun calcul, nul discernement, ne préside à cette opération. On jette la litière, sans tenir compte de la proportion de cette litière avec la quantité des déjections. Parfois, les excrétions semblent à l'état pur dans les étables; quelques jours après, vous verrez sortir des mêmes étables et sous le nom de fumier, une masse considérable de litière dans laquelle vous trouveriez à peine quelques traces de déjections. Les diverses pailles, les végétaux à tiges sèches, dures, ligneuses, tels que l'ajonc, la bruyère, sont, le plus souvent utilisés comme litière, au cœur de l'hiver, c'est-à-dire dans le temps où les excréments ont le plus de dureté et de siccité, par suite de la température et du régime alors imposé aux animaux. L'alliance de ces deux éléments du fumier reste ainsi fort incomplète.

Au printemps, au contraire, l'emploi des meilleurs fourrages, des herbages surtout, rend les déjections molles, presque liquides. L'épuisement de la litière sèche, qui serait si utile en ce moment, force à recourir aux feuilles, aux joncs, aux roseaux, aux diverses plantes marécageuses, dont la constitution essentiellement aqueuse se prête à une rapide décomposition, sous le piétinement des animaux et sous l'action énergique du purin. Les étables présentent alors l'aspect de véritables cloaques au détriment de la quantité du fumier, de la propreté et de la santé des animaux. De là, cette grande inégalité si facile à remarquer dans la qualité des différentes couches qui composent les tas de fumier, inégalité dont nous avons fait ressortir les inconvénients et les fâcheuses conséquences.

Le remède à cet état de choses est pourtant bien simple. Il suffira de se rappeler que, si la litière contient, à des degrés divers, certains principes de fertilisation, son principal rôle, dans la composition du fumier, est de servir de récipient au purin. On utilisera donc, autant que possible, les feuilles et les plantes molles et aqueuses pour la litière d'hiver, en la recouvrant légèrement de paille dans les jours où le froid sévit avec le plus d'intensité. Les litières sèches et ligneuses seront réservées pour le printemps. Le mélange des déjections sèches avec les herbacées sera plus facile et plus complet; et, par l'absorption des parties aqueuses, les pailles et les plantes ligneuses donneront plus de consistance au fumier et plus de facilité pour son enlèvement.

CHOIX ET CLASSEMENT DES DIVERSES LITIÈRES.

Le choix de la litière et la façon de l'utiliser sont donc choses fort importantes; et l'on comprendra facilement l'intérêt qui s'attache à cette question. Nous nous occuperons d'ailleurs, uniquement, des litières propres à nos contrées, en les classant selon les degrés de principes fertilisants contenus par chacune d'après une analyse faite récemment par un de nos plus célèbres chimistes.

1º La paille de seigle;
2º La paille de blé noir;
3º La paille d'avoine;
4º La paille de froment:
5º L'ajonc;
6º Le jeune genêt;
7º La fougère;
8º La bruyère;
9º Les feuilles.

Dans cette analyse ne sont pas classés les joncs, les roseaux, les différentes herbacées qui, utilisés comme nous l'avons dit plus haut, donnent un excellent engrais.

DE LA PAILLE DE SEIGLE, D'AVOINE, DE FROMENT.

La paille de seigle tient le premier rang : elle le mérite à tous égards. Rien ne saurait la remplacer comme litière. Elle a une grande supériorité sur la paille d'avoine et sur celle de froment. Ses tuyaux, plus résistants, s'emplissent plus facilement des parties liquides et les retiennent mieux.

Dans la période de décomposition, cette propriété facilite la combinaison de ces parties liquides avec les principes azotés ou autres qu'elle contient à plus fortes doses. Cent kilos de paille de seigle donnent une meilleure litière, un engrais plus abondant et plus énergique que pareille quantité de paille d'avoine ou de froment. Je puis affirmer, par ma propre expérience, le fait suivant : 500 bottes de paille de froment, pesant ensemble 4,000 kilos, ont eu peine à suffire, pendant *quatre mois*, à la litière d'une étable; 400 bottes de seigle, pesant ensemble 6,500 kilos, ont, au contraire, pendant *un peu plus de huit mois*, fourni une meilleure litière à la même étable composée, dans les deux cas, du même nombre d'animaux. Avec la paille de seigle, le produit en fumier a été double comme quantité et certainement supérieur comme qualité.

Après les déjections animales, la paille de seigle, avec celle de blé noir dont nous parlerons bientôt, constitue donc le principal élément de nos engrais de ferme. Et voyez avec quelle sagesse la nature a combiné les produits d'une même contrée ! A côté de chacun de ces produits, elle a placé ceux qui ont la propriété de donner et de faire ressortir tout le prix et toute la valeur des autres. Avec ses fertiles prairies, ses immenses et plantureux pâturages, le Limousin est essentiellement destiné à se couvrir de nombreux troupeaux de bétail. Pour ce bétail, il faut de la litière. Or, sans parler des fougères, ajoncs, bruyères, etc., quelle est la contrée où réussissent mieux le seigle et le blé noir, et où ils donnent une paille plus abondante ? Mais, au lieu de suivre simplement la voie que la nature lui a tracée, l'homme semble prendre plaisir à s'en écarter, et à porter ainsi une perpétuelle atteinte à ses propres intérêts. Il *vend* la paille de seigle et *gaspille* celle de sarrazin !

Avec ces deux éléments, il ne rapporterait pas seulement à

la terre ce qu'il en a retiré; il augmenterait la fertilité de son champ ; ses récoltes seraient meilleures, surtout moins incertaines. L'industrie nous intéresse sans doute avec ses merveilles, elle mérite les encouragements qu'on lui prodigue de toutes parts, mais à la condition qu'elle vienne en aide à l'agriculture au lieu de la paralyser.

Or, il serait difficile de ne pas reconnaître combien la fabrication du papier de paille a été désastreuse pour l'agriculture dans nos contrées. La vente de sa paille peut rendre le propriétaire actuellement possesseur de quelques centaines de francs ; mais il doit s'attendre à une prompte et bien triste compensation ! Quelques voitures de fougères, des feuilles ramassées avec peine et dont la valeur est bien minime, ne l'empêcheront pas d'épuiser son champ et de le réduire, dans un temps donné à un état voisin de la stérilité. Tout propriétaire sage s'abstiendra donc de la vente de sa paille; nous nous bornerons à plaindre le cultivateur qui ne comprendra pas la nécessité de la rendre à sa terre.

DE LA PAILLE DE BLÉ NOIR OU SARRAZIN.

Le gaspillage de la paille de sarrazin n'est ni moins étonnant, ni moins désastreux. La valeur de cette paille, pour litière, se rapproche beaucoup de la valeur de la paille de seigle. Elle est aussi propre à retenir le purin; sa facilité de décomposition est la même. Dans ses parties constitutives, elle renferme à peu près les mêmes éléments de fertilité dont quelques-uns s'y trouvent à un degré plus élevé. Dans nos fermes, cependant, elle donne un engrais bien inférieur à l'engrais produit par la paille de seigle. Quelle est la cause de cette anomalie ? Nous la trouverons, je crois, dans cette sorte de dédain avec lequel est traitée la paille de blé noir.

Au fur et à mesure du battage, au lieu d'être recueillie avec soin et mise à l'abri comme la paille de seigle, elle est jetée au hasard dans les étables, dans les airages, sur les chemins. Dans les étables, elle est placée par couches d'une épaisseur de plus d'un mètre quelquefois; aussi les excrétions en atteignent-elles à peine la vingtième partie. Sur les chemins, dans les airages, elle reste entassée en monceaux de plusieurs mètres de hauteur. Elle se décompose ainsi sous l'action de la pluie, de l'humidité, à peu près vierge de toute déjection. Et on s'étonne que, transportée en cet état dans les terres, elle fournisse un fumier froid, sans énergie, bien inférieur au fumier produit par sa rivale ! Comparez à ce traitement les soins reçus par la paille de seigle dont la valeur commerciale est considérable !

Jamais prodiguée, cette dernière est mise sous les animaux avec mesure, quelquefois avec parcimonie. Elle est triturée par le piétinement, saturée de purin dans toutes ses parties. Avec un traitement analogue, la paille de blé noir produira les mêmes résultats. Utilisée avec intelligence, au lieu de disparaître en quelques jours et en pure perte, elle fournira un excellent couchage pendant l'hiver. Sa conservation facilitera la tâche du colon, qui ne sera pas si souvent réduit à suspendre ses travaux les plus urgents pour aller poursuivre au loin des feuilles et de la bruyère.

On oppose le défaut d'espace pour l'engrangement de dix, quinze, vingt voitures de paille de blé noir. Si l'on tient compte de la moins-value du fumier, de la perte des nombreuses journées passées à la recherche d'une litière presque sans valeur, on comprendra sans peine quelle utilité résulterait de la construction d'un hangar destiné, en hiver, à recevoir cette paille; en été, à abriter les charrettes, charrues, etc. Un très petit nombre d'années suffiraient évidemment pour retrouver la compensation de cette dépense.

Si nos colons retirent ainsi, à leur détriment et au nôtre, un si mince profit de leur paille de blé noir, il faut surtout l'attribuer à l'obligation où ils se croient d'ensemencer, *toujours et quand même*, leur assolement entier. J'ai déjà signalé le dommage causé à notre agriculture par cette fausse appréciation de leurs véritables intérêts. L'engrais nécessaire aux semailles d'automne se prépare pendant l'été. Cette préparation se fait lentement; le bétail séjourne peu dans les étables; nos hommes, retenus par le besoin de recueillir leurs foins, leurs céréales, négligent l'entretien de la litière, l'enlèvement de leurs fumiers. L'automne arrive, ils ont à peine l'engrais nécessaire à la moitié de leur assolement. Il faut compléter l'approvisionnement à tout prix, et voilà le motif de la façon inintelligente avec laquelle est traitée la paille de blé noir. Avec la réduction de la moitié, du tiers, du cinquième même de leur assolement en fourrages verts, ils ne seraient plus si souvent exposés à ensemencer une partie de leurs terres couverte, non de fumier, mais d'une simple couche de litière.

DES LITIÈRES ACCESSOIRES : L'AJONC, LA FOUGÈRE, ETC.

Ce funeste parti pris de tout ensemencer produit des résultats d'autant plus malheureux que, pour les semailles du printemps, les litières accessoires sont traitées avec aussi peu d'intelligence. D'où il est permis de déduire une conséquence bien inattendue sans doute : c'est que l'abondance de la litière, qui est, en réalité, un bienfait de la Providence, devient souvent funeste par la façon dont elle est employée. J'insiste sur ce point, parce qu'il me paraît d'une importance capitale. Les végétaux, l'ajonc surtout, la fougère et la feuille du châtaignier, utilisés avec mesure et par couches légères, donnent un engrais qui a une véritable valeur; mais, jetés le plus souvent par masses compactes et impénétrables aux excrétions, leur produit est sans force, sans énergie. Aussi constatons-nous des différences profondes dans la marche végétative des plantes, non-seulement sur les diverses terres d'un même domaine, mais sur les diverses parcelles de la même terre.

Nos cultivateurs reconnaîtront-ils la véritable cause de cette différence ? Non, assurément. Ils l'attribueront au vent, au soleil, à la température, à toute autre chose. Ils vous répondront gravement que tel jour, de huit heures à midi, *il faisait bon emblaver ;* que le contraire a eu lieu de deux à cinq, et réciproquement. Le vent, le soleil, la température ont été néanmoins les mêmes durant la journée entière. Le degré de qualité entre le fumier du matin et celui du soir a fait toute la différence. Chaque propriétaire a donc le plus grand intérêt à éclairer ses colons sur ce point, et à exiger d'eux un meilleur emploi des litières.

Cela posé, et nos dispositions prises comme nous l'avons dit précédemment, chaque colon tiendra à sa portée, et autant que possible dans un lieu sec et abrité, la litière nécessaire pour, plusieurs semaines. Deux fois par jour, il refera le couchage de ses animaux, en répandant une quantité plus ou moins grande de litière, selon la nature et l'abondance des déjections. La paille, surtout celle de seigle, sera coupée en deux ou trois parties, afin de la rendre plus absorbante et de faciliter l'enlèvement du fumier.

DE LA TERRE SÈCHE POUR LITIÈRE.

Dans les domaines où la paille, l'ajonc, la bruyère, etc., seraient insuffisants, on aura toujours la facilité de trouver un utile supplément dans la terre sèche. En réserve dans un coin de l'étable et destinée aussi, en partie, à l'entretien des fosses à purin, cette terre sera jetée derrière les animaux, dont elle absorbera les excrétions. Quelques poignées de paille, de feuilles, etc., suffiront pour le couchage et pour la propreté. De ce mélange de terre et d'un peu de litière résultera un engrais propre, dès les premiers jours, à toutes les cultures. Cet emploi de la terre pour litière est, depuis longtemps, pratiqué dans certaines contrées, en Angleterre surtout. Mais cette terre est-elle l'objet d'un choix convenable? Il est permis d'en douter. On va presque toujours prendre de la terre inféconde de sa nature : le tuf, le sable, l'argile, etc. Cette terre peut s'amender elle-même en se saturant des déjections ; mais elle manque encore de cette surabondance d'éléments de fertilité propres à se communiquer au champ sur lequel elle est versée, et à lui rendre les principes absorbés par les précédentes récoltes. Suffisamment pourvue d'*humus* pour son propre compte, elle n'a pas d'excédant à transmettre à la terre avec laquelle on la met en contact.

Ne serait-il pas plus naturel et plus logique de la recueillir de la manière suivante? Dans chaque ferme et à chaque instant de l'année se trouve quelque parcelle récemment dépouillée de sa récolte. Par un temps sec, transportons-nous sur cette parcelle ; prenons une pelletée à droite, à gauche ; emplissons notre tombereau de terre prise ainsi sur tous les points de cette parcelle. Nous obtiendrons pour litière une terre déjà féconde qui, par son mélange avec les déjections, rapportera sur notre champ, d'abord sa propre richesse, puis l'excédant considérable auquel elle aura servi d'excipient. Presque tous les domaines se composent, comme assolements, de terres plus ou moins grasses et fortes, de terres légères et sablonneuses. Avec le temps, les premières iront donner plus de consistance et d'énergie aux secondes; et le transport des terres sablonneuses sur les terres fortes donnera à ces dernières la légèreté et la porosité qui leur manquent.

Cet échange entre toutes les parcelles aura pour conséquence de les ramener toutes au même degré de fertilité et de les rendre également propres au même genre de culture. Les avantages de ce transport successif et mutuel des terres d'une parcelle sur les autres me paraissent incontestables; aussi n'hésiterai-je pas à en conseiller la pratique même dans les fermes où il y a surabondance de litière. La terre fixe et lie entre elles les parties liquides et volatiles des excrétions. Ce mélange produit un fumier plus terreux, moins sujet à l'évaporation et à la moisissure, plus propre enfin à rendre à nos champs la quantité de terreau pulvérulent enlevé par les récoltes, par la pluie et par le vent.

DE LA LITIÈRE QUI CONVIENT AUX ÉTABLES DES BÊTES A LAINE ET AUX ÉTABLES A PORCS.

C'est surtout dans les étables des bêtes à laine que l'emploi de la terre pour litière peut rendre les meilleurs services. Tournée, autant que possible, comme les autres étables, dans la direction du levant au midi, la bergerie doit être spacieuse, haute et bien aérée par de larges ouvertures grillées au nord et à l'est. Ces ouvertures doivent descendre jusqu'au niveau du sol, afin qu'en l'absence des animaux il s'établisse entre elles et la porte des courants propres à enlever l'âcreté incisive des urines et à purifier les couches inférieures de l'atmosphère. Le sol de la bergerie sera creusé de 30 à 35 centimètres plus bas que le niveau du seuil de la porte. On remplira ce vide, tous les deux ou trois mois, avec de la terre sèche prise comme nous l'avons dit plus haut. En absorbant les fluides qui se perdent habituellement dans le sol, cette terre, couverte de temps à autre d'une très faible quantité de feuilles, de paille, etc., en vue de la propreté, produira un engrais terreux de l'effet le plus énergique et le plus durable, soit pour les terres arables, soit pour les prairies.

Cette litière de terre ne saurait, au contraire, convenir aux étables à porcs dont le fond doit être plus élevé que le niveau du sol, et planchéié avec des madriers de chêne ou châtaignier de 9 à 10 centimètres d'épaisseur. Le porc, habituellement nourri de substances pâteuses et aqueuses, fournit les excréments les plus mous et les plus fluides. Il lui faut donc une litière sèche, abondante, souvent renouvelée. La paille seule me paraît convenir à cet animal. On laissera entre les madriers du plancher un intervalle de 3 ou 4 millimètres offrant aux urines un écoulement facile. Ces urines, recueillies par un caniveau pratiqué sous le plancher, iront se déverser dans une des fosses à purin.

DU TRANSPORT DU FUMIER. — DE SA CONSERVATION.

Cet état de choses établi et bien compris, il nous reste à parler du transport du fumier des étables sur l'emplacement qui lui est destiné. Cette opération, l'une des plus importantes dans une exploitation agricole, est généralement fort négligée. L'enlèvement se fait presque toujours dans des conditions propres à priver le fumier d'une grande partie de sa valeur en l'exposant à une rapide dessiccation et, par suite, à la moisissure.

L'homme chargé de ce soin s'arme d'un double crochet en fer, vulgairement appelé *bigaux*. Il enfonce ce crochet dans le fumier pailleux, dont il fait une sorte de rouleau en le tournant et le retournant plusieurs fois dans le même sens. Pour arriver au lit du fumier, il traîne ce rouleau sur la terre à travers des flaques d'eau qui le délavent, sur le pavé, sur un sol raboteux aux saillies duquel s'accrochent les parties grasses. Ces détritus, cette véritable substance de nos engrais, restent ainsi dispersés en pure perte, desséchés par le soleil ou emportés au hasard par les pieds des hommes et des animaux. Arrivé sur le tas, notre homme dépose son rouleau tel qu'il a été tordu. Une première couche se forme ainsi, laissant nécessairement des intervalles entre les rouleaux. Un nombre plus ou moins considérable d'autres couches mal tassées viennent successivement se placer sur la première, avec des vides dans lesquels l'air pénètre sans peine. Le travail de la fermentation s'opère d'une façon inégale, et la moisissure envahit une grande partie du fumier.

Pour échapper aux conséquences malheureuses d'une pareille façon de procéder, il suffit cependant d'une brouette ou d'une civière à fond plein.

Comme nous l'avons dit plus haut, la paille aura été coupée en deux ou trois parties avant d'être jetée sous les animaux. Ce soin facilitera l'enlèvement du fumier avec une fourche en fer, et sa pose dans la brouette ou civière. Avec le balai et la pelle, les moindres parcelles seront recueillies ; nul déchet, nulle perte n'aura lieu pendant le trajet de l'étable au lit du fumier. Parvenu sur ce dernier, le tout sera versé, et, avec la fourche, immédiatement répandu sur le tas d'une façon régulière et uniforme. Le tas lui-même ne formera à la fin qu'une masse compacte, impénétrable à l'air et hors des atteintes de la moisissure. Avec la brouette, le transport peut être fait par un homme seul ; avec la civière, il en faut deux. Je préférerais néanmoins la civière pour deux motifs qui me paraissent décisifs.

Deux hommes armés, l'un de la fourche, l'autre de la pelle ou du balai, mettront proportionnellement moins de temps qu'un seul à l'enlèvement complet des parties minces, des moindres détritus. Ils auront ensuite plus de facilité qu'avec la brouette pour verser le fumier où besoin sera ; et l'obligation pour eux de monter chaque fois sur le tas, et de le parcourir en tous sens, produira un double piétinement dont le résultat sera un tassement plus parfait.

Ainsi disposé, notre tas de fumier pourra être longtemps conservé sans inconvénient. On ne l'attaquera qu'au fur et à mesure des besoins, en l'enlevant, non par couches horizontales, mais par tranches coupées verticalement. Ce mode d'enlèvement rendra sa répartition plus régulière, au point de vue de la qualité. Il sera enfoui aussitôt après son dépôt sur les terres où l'attendra la charrue. Nous n'aurons plus alors la douleur de voir, au milieu de nos champs, les voitures de fumier divisées en petits tas; ou même les tas plus grands de cinq, six, dix voitures, se délaver, se dessécher, perdre leurs principaux éléments de fertilité.

A chaque propriétaire le devoir, je dirais volontiers l'obligation de veiller à l'application de principes si élémentaires et d'une exécution si facile.

FIN DE LA DEUXIÈME PARTIE.

TROISIÈME PARTIE.

————~~\\\\/\\\~————

De la prairie naturelle.

————∽⌒∾⌒∾————

CHAPITRE Ier.

DE LA PRAIRIE EN GÉNÉRAL.

La nature semble avoir merveilleusement disposé toutes choses pour faire du département de la Haute-Vienne, et en particulier du canton de Saint-Léonard, une immense et fertile prairie. Les ondulations de son terrain donnent naissance à d'innombrables vallées couronnées de coteaux, du flanc desquels s'échappent, soit naturellement, soit à l'aide de travaux plus ou moins coûteux, des ruisseaux et des sources. Ces eaux précieuses n'attendent généralement qu'une meilleure direction pour y porter la fertilité et la richesse. Nous aurons bientôt à nous en occuper.

Si la couche arable de ces vallées, composée presque toujours de terre d'alluvion, repose sur un sous-sol granitique, siliceux ou schisteux, il suffit, après quelques années de culture en céréales, d'un intelligent rigolage pour les convertir en prairies naturelles et en quintupler la valeur. Ce fonds est riche en principes favorables aux graminées. Et ces graminées qui, dans leurs variétés infinies, y prennent, pour ainsi dire, spontanément naissance, soit à l'aide des irrigations, soit à l'aide des fumures, y réunissent, à un éminent degré, les éléments propres à favoriser le développement des animaux.

Telle est, dans leur plus grande étendue, la condition des vallées du canton de Saint-Léonard; de là, aussi, l'excellence des animaux produits par ce canton. Les vaches et les bœufs, les moutons surtout, bien que généralement tirés des montagnes de la Creuse et de la Corrèze, y prennent, même à un moindre degré d'engraissement, une chair succulente connue et justement appréciée au loin. Le rendement de ces vallées atteint les plus brillantes proportions si le fumier vient s'associer aux irrigations.

Les vallées, au contraire, dont la tourbe constitue la couche superficielle, même avec les meilleures eaux, se couvrent d'une végétation moins luxuriante, moins favorable à l'élevage ou à l'engraissement des animaux. Les graminées s'y développent mal. Ces terrains sont composés par les siècles de débris de toutes sortes, de détritus surtout de mousses et de lichens. Dans leur état naturel, ils offrent un véritable tissu spongieux trop prompt à se saturer des eaux souterraines et pluviales, et trop lent à s'en débarrasser par l'évaporation et par les infiltrations intérieures. Ces eaux y croupissent au détriment des plantes nutritives. Les graminées y périssent et sont remplacées par les plantes grasses et marécageuses. En été, au contraire, par l'effet des chaleurs, ce tissu se dessèche, perd tout principe de fraîcheur et, sans les rosées nocturnes, il n'offrirait plus aux plantes aucun élément de vitalité. Les prairies, dans ces conditions, sont d'un médiocre produit. Avec quelques travaux et des modifications bien entendues, elles peuvent néanmoins, être facilement amendées et acquérir une haute puissance végétative.

Enfin, le sous-sol se compose quelquefois d'argile ou de tuf imperméable, avec une très faible couche arable. Dans cet état de choses, l'absence d'eau amène une stérilité complète; la présence de l'eau, même la meilleure, donne pour tout produit le jonc, l'algue, le glaïeul et autres plantes impropres à l'alimentation des animaux.

Nous aurons donc à nous occuper des prairies faites ou à faire dans chacune des trois conditions signalées plus haut.

PRAIRIES SUR LES TERRAINS D'ALLUVION AU SOUS-SOL GRANITIQUE, QUARTZEUX, ETC.

Dans cette première catégorie de terrains, les vallées ne doivent pas être seules converties en prairies. Le flanc des collines elles-mêmes peut produire des fourrages aussi abondants et souvent supérieurs en qualité à ceux des vallées. Pour cela, les irrigations ou les fumures doivent porter sur une couche végétative de 15 à 20 centimètres au moins de profondeur, préalablement amendée par plusieurs cultures en céréales ou en fourragères. Il est toujours utile de chauler ces terrains dans le courant de l'année qui précède la création des prairies naturelles. Or, comme l'admettront tous les agriculteurs, la prairie naturelle constituant le véritable fonds de la richesse agricole, nous ne devons pas hésiter à la placer sur tous les terrains qui, aux conditions précédentes, réunissent la possibilité des irrigations. Cette culture est à la fois la plus lucrative et la plus économique. Elle n'exige ni les longs travaux, ni les frais considérables résultant de la culture des céréales, ni les soins multiples et les dépenses en achats de graines, nécessaires pour les prairies artificielles. Quelques labours et hersages, des graines de foin recueillies dans nos meilleurs greniers, constituent la seule mise de fonds pour la création des prairies naturelles, qui, avec des irrigations ou des fumures, donnent indéfiniment un produit considérable.

Nul n'est certes plus que moi partisan des prairies artificielles; elles doivent venir en aide aux fourrages naturels, surtout en cas d'insuffisance pour l'alimentation des animaux en été. Mais je ne sacrifierai jamais à cette culture un terrain propre à la prairie naturelle. Outre l'avantage de convertir le produit de cette dernière en fourrage sec, pourquoi ne l'utiliserions-nous pas en vert, comme le trèfle, etc. ? Il nous fournira ainsi une nourriture plus facile, plus substantielle, plus appropriée au tempérament de nos animaux, qui, dès lors, seront moins exposés aux funestes effets des indigestions, des inflammations intestinales, de la météorisation. C'est une faute, souvent irréparable, de soumettre, pendant des mois entiers, les animaux au régime d'une plante unique. Ils ont besoin d'une nourriture variée; or, quoi de plus varié que le produit de nos prairies, où croissent des milliers de plantes diverses? Nous trouverons ainsi une grande utilité à faire un mélange de ces herbes avec les trèfles, la jarousse, etc.

DE LA PRAIRIE SÈCHE OU TEMPORAIRE.

La présence des eaux n'est pas toujours indispensable pour asseoir la prairie sur des terrains analogues aux précédents. Mais elle n'y reposera qu'à titre temporaire. Telle terre occupant le fond d'une vallée ou le penchant d'un coteau, est devenue très fertile par suite d'une longue série de cultures en céréales ou autres. Avec ce haut degré de fertilité, elle a acquis tout à la fois une grande tendance à produire les plantes parasites, les différentes variétés de graminées toujours si fatales aux céréales. Les efforts des colons les plus soigneux ne parviennent pas toujours à la purger de ce fléau. Trop d'années se sont écoulées à produire sans cesse le froment ou le seigle, le blé noir ou l'avoine. Elle demande impérieusement un autre régime. Nous aurons tout profit à le lui accorder; et, comme on va le voir, cette terre, toujours généreuse, nous indemnisera de notre condescendance par une augmentation considérable de ses produits.

Supposons à cette terre un hectare superficiel. Chaulée l'année précédente, profondément labourée et bien nivelée, elle recevra, en février ou en mars, l'avoine avec la graine de foin. Nous trouverons, la première année, une bonne rémunération dans le produit de l'avoine; pendant les sept ou huit années qui suivront, elle se couvrira d'une récolte d'excellent fourrage naturel propre à être consommé, vert ou sec, selon les besoins du domaine. Cultivé en céréales, cet hectare donnerait un produit annuel et net de 270 francs (1); en fourrage naturel, il ne saurait produire moins de *quatre-vingts* à *cent* quintaux de foin qui, à 3 francs, donneront aussi 270 francs, non compris le regain. En céréales, notre hectare aurait absorbé une moyenne de 40 voitures de fumier par an, soit, pour la période entière des huit années, 320 voitures toutes au bénéfice des prairies ordinaires. Cet assolement nouveau, si bien indiqué par la nature dont nous négligeons trop les leçons, aura procuré un repos toujours salutaire à notre terre qui, dans son incessante activité, aura recouvré ainsi les éléments propres aux céréales. Ces sucs nourriciers étaient épuisés, elle en aura fait une ample provision; et lorsque, à la huitième année, la charrue viendra lui demander d'autres récoltes, les céréales y prospèreront avec une vigueur toute nouvelle.

On objectera peut-être le défaut de clôture pour la conversion provisoire de ces terres en prairies. Mais, depuis des siècles, elles ont produit, chaque année, une céréale quelconque. Aucune clôture ne protégeait le froment, seigle, etc. Les animaux en sont avides pourtant. On se contentait d'une surveillance dont l'efficacité sera la même pour la conservation des herbes. Dans les pays à grande culture, nulle haie, nulle clôture, non-seulement entre les diverses parcelles du même propriétaire, mais encore entre les champs des propriétaires voisins. Pour toute limitation, un fossé, une rigole, quelques bornes. Ils ont des bestiaux néanmoins : il leur suffit de les surveiller.

Oui, dira-t-on encore, pendant ces huit années, nous aurons plus de fourrage, mais moins de grain. En admettant cette objection, quel dommage en éprouveront le propriétaire et le colon ? Comme compensation, n'auront-ils pas l'excédant de produit qui ressort du calcul établi plus haut : *le regain*, plus *320 voitures de fumier* mis à leur disposition par la conversion de l'hectare de terre en prairie ? D'ailleurs, ils pourront user d'une grande partie de ces 320 voitures de fumier pour augmenter, doubler même la fumure de leurs terres de qualité inférieure. Leur déficit en grain sera ainsi facilement comblé,

(1) Voir dans l'*Almanach limousin* de 1869 l'article intitulé : DE L'ARBORICULTURE FRUITIÈRE AU POINT DE VUE DU DOMAINE.

et il leur restera toujours en bénéfice net : *un long repos donné à leur hectare de terre, le fourrage produit par cette terre, et une quantité encore notable de fumier à déverser sur les vieilles prairies.* Si, enfin, nous reportons nos regards sur ces vieilles prairies, nous y trouverons assurément quelques parcelles à peu près privées d'irrigations, et qui, depuis de longues années, n'ont connu ni les fumures, ni la charrue. La présence, sur ces parcelles, de la fougère, du genêt, de l'ajonc, de la bruyère, la nullité de leur produit comme fourrage, indiquent suffisamment que ce terrain, par sa compacité, ne laisse plus pénétrer l'air, la lumière, l'azote, l'oxigène, en un mot, les éléments propres à la végétation des herbacées. Il demande lui aussi un changement de culture. Portons-y la charrue : son défrichement remplacera, au point de vue des céréales, l'hectare de terre converti en prairie. Lorsque cet hectare, au bout de huit ans sera redevenu terre, nous chaulerons et rendrons à la prairie les parcelles ainsi fécondées par de nouveaux labours. A leur tour, elles produiront le fourrage.

Cette conversion réciproque et alternative de terres en prairies et de prairies sèches en terres, d'une mise en pratique si facile et si peu coûteuse, nous procurera, pour le présent, une augmentation notable dans le produit de nos fourrages et de nos grains. Pour l'avenir, nous aurons amélioré à la fois nos terres et nos prairies : *nos terres*, par un long repos toujours utile aux parties même les plus fertiles, et par une plus forte part d'engrais sur les parties médiocres; *nos prairies*, par une rénovation des parties sèches, et par une fumure sur le reste, fumure que ce changement de sol rendait peut-être seul possible.

En résumé, et comme conséquence de ce qui précède, nous pouvons poser la règle suivante :

Avec la présence des eaux, *prairie perpétuelle* sur tout terrain de la nature de ceux dont nous venons de parler ; *prairie temporaire*, d'une durée de sept à huit ans, sur toute terre non irriguée et qui, par sa fertilité même, tend à se laisser envahir par les graminées. Et, comme cette tendance se manifeste presque toujours après dix ou douze ans de labours, il paraît rationnel de prendre, pour ces terres, une période de vingt ans, ainsi divisée :

Culture des céréales ou des fourrages verts, douze ans; prairie naturelle, huit.

Pour les parties sèches des prairies :

Céréales, six ans ; fourrage, quatorze.

Telle est la façon de procéder qui me paraît réunir les meilleures conditions de succès pour la culture des terrains que j'appellerai de la *première catégorie;* les terrains tourbeux formeront la *seconde catégorie*, et les terrains argileux la *troisième.*

------- ✿✿✿ -------

CHAPITRE II.

DE LA PRAIRIE SUR LES TERRAINS TOURBEUX.

Les couches tourbeuses forment la seconde catégorie des terrains sur lesquels on a tout intérêt à asseoir la prairie perpétuelle. Nous avons déjà signalé l'impossibilité d'obtenir de bons fourrages sur cette sorte de terrains pris et convertis en prairies dans leur état naturel. Des amendements et des travaux préparatoires, d'ailleurs assez longs et assez coûteux, deviennent indispensables. Mais ces travaux et ces dépenses seront largement compensés par la certitude d'un résultat propre à augmenter, dans des proportions considérables, le produit et, par suite, la valeur de ce sol. Il ne saurait naturellement être question ici des couches qui présentent un plan parfaitement horizontal, et ne se prêteraient pas au dessèchement. Nous supposerons donc une inclinaison suffisante.

Les terrains tourbeux ou uligineux sont faciles à reconnaître par leur couleur d'un brun noirâtre et par leur excessive porosité. Saturés d'eau, ils deviennent très lourds; desséchés, ils ont presque la légèreté de l'éponge. Ils reposent ordinairement sur un lit d'argile imperméable, dont ils sont quelquefois séparés par une légère couche de sable ou de cailloux. Ils occupent la base d'un coteau ou colline susceptibles de se prêter facilement aux infiltrations des eaux pluviales. Ces eaux, retenues par le banc argileux qui se prolonge sous les couches super-ficielles des sommets eux-mêmes, s'épanchent par filets innom-brables et imperceptibles sous la masse tourbeuse qui en est complètement imbibée. Dans ces conditions, les graminées, les herbages nutritifs disparaissent et laissent la place aux plantes marécageuses. Les rigoles pratiquées sur la surface ne sauraient suffisamment remédier à cet état de choses. Le drainage ordi-naire lui-même serait impuissant. Une mesure plus radicale devient nécessaire.

TRAITEMENT A DONNER AUX TERRAINS TOURBEUX EN VUE DE LA PRAIRIE.

Ces masses tourbeuses présentent toujours à leur sommet, c'est-à-dire au pied de la colline où elles prennent naissance, une demi-circonférence facile à reconnaître par une brusque transition entre les herbacées sur la tourbe, et la bruyère ou la terre labourable des sommets. Sur cette sorte de limite natu-relle, il faut pratiquer une tranchée, semi-circulaire par con-séquent, assez profonde pour intercepter les eaux souterraines. Les deux extrémités de cette tranchée, avec une pente de quel-ques millimètres par mètre, se prolongeront en se rapprochant, et viendront se relier sur un point commun naturellement indi-qué par le niveau. Au fond et dans toute la longueur de la tranchée, la pose d'un aqueduc réunira, sur ce point commun, toutes les eaux qui seront recueillies dans une pêcherie, dont la grandeur sera calculée d'après la quantité d'eau à recevoir et l'étendue du terrain inférieur à irriguer.

Notre sole tourbeuse, ainsi isolée, sera bientôt complètement desséchée, et se prêtera alors à toutes sortes de cultures. Après son dessèchement, et dans toute son étendue, elle devra être retournée par un profond labour avec la charrue. Avec un second labour au printemps, elle recevra le noir animal où le phosphate fossile, afin de lui procurer l'iode qui lui manque et de lui enlever son acidité naturelle. Le blé noir, recouvert avec la herse, y donnera alors un excellent produit suivi, en automne, avec un troisième labour, d'une récolte en seigle non

moins remarquable. L'année d'après, l'avoine. On peut tenir
pour certain que ces trois permières récoltes suffiront pour
couvrir les dépenses occasionnées par les tranchées, la pose des
aqueducs et l'achat des engrais. Dès la troisième année, un
chaulage, à 80 quintaux par hectare, précèdera la culture des
pommes de terre.

Si la trop grande profondeur de la couche tourbeuse ne permet pas à la charrue d'atteindre le sous-sol argileux, et de le
mélanger en quantité suffisante avec la tourbe, le propriétaire,
à chaque labour, aura eu le soin d'en couvrir la surface avec
quelques centimètres de terre argilo-sableuse. A défaut de cette
dernière, on emploiera la terre grasse ou tuf malléable. Ce
mélange donnera plus de consistance à la tourbe et en dimi-
nuera la porosité.

Après cette série de travaux et de cultures préparatoires, on
pourra procéder, avec certitude du succès, à la conversion en
prairie de la sole entière ainsi amendée. Les plantes marécageuses, leurs racines délitées par les labours et les engrais,
auront disparu. Le terrain, en retour des principes acides dé-
truits, aura reçu de l'atmosphère les éléments propres aux
graminées et autres bonnes fourragères. Sur un dernier labour
suivi de plusieurs hersages, on jettera, par hectare, le plus
possible, mais au moins 10 à 12 hectolitres de graines du meilleur foin, avec 10 à 12 kilos de graine de ray-grass d'Italie et
5 à 6 kilos de trèfle blanc.

On obtiendra ainsi un assolement fourrager d'une grande
puissance, perpétuel sur la partie inférieure pouvant être
irriguée par les eaux de la tranchée; temporaire sur la partie
supérieure susceptible de produire, alternativement et selon
les principes déjà posés, les fourrages naturels ou artificiels,
les céréales, les pommes de terre, betteraves, topinambours,
etc.

PRAIRIES SUR LES SOLS ARGILEUX.

Les terrains argileux, comme les couches tourbeuses, sont
inférieurs à des sommets dont ils reçoivent les eaux; leur
compacité s'oppose à toute infiltration. Ils offrent l'aspect de
véritables marécages s'ils manquent d'inclinaison. Leur produit

fourrager est alors à peu près nul. Dans cet état, ils paraissent condamnés à une éternelle stérilité. Le dessèchement de ces terrains offrirait de trop grandes difficultés; leur mise en culture serait loin de leur donner une plus-value assez grande pour couvrir les dépenses. Les champs de cette nature sont d'ailleurs assez rares dans nos contrées; nous ne les classerons donc pas au rang des soles à fourrages. Nous nous occuperons uniquement des fonds argileux qui, avec une pente de quelques millimètres par mètre, peuvent être utilisés et devenir propres à la culture des céréales comme des fourragères.

ÉTAT NATUREL DES SOLES ARGILEUSES.

D'une couleur grisâtre. alternant quelquefois avec des teintes jaunes ou violettes, l'argile est remarquable par sa ténacité. La charrue la soulève sans la diviser; elle ne laisse après elle que de longues lanières. Dans son état naturel, elle est recouverte d'une très faible couche de terre végétale dont la profondeur ne dépasse guère l'épaisseur du gazon. Pendant les mois chauds de l'été, ce gazon se couvre d'une végétation d'assez belle apparence : il semble promettre à nos animaux une bonne pâture.
 Mais, examinons de près le tissu de ce gazon, et comparons-le au tissu du gazon des prairies situées sur les terrains de la première catégorie. Nulle similitude dans les plantes; la nombreuse famille des herbacées est d'un tout autre genre et d'un aspect bien différent. Les graminées et les légumineuses sont remplacées par des plantes grasses, aqueuses, dont les sucs âcres et incisifs ont une action délétère sur l'organisation animale. Aussi voyons-nous maigrir nos troupeaux au milieu de ces pâturages verdoyants et fleuris. Ils y vont perdre l'embonpoint, la force, la santé, qu'ils avaient pris dans les bonnes prairies. Leur sang s'appauvrit, prend trop de fluidité; ils deviennent lymphatiques, et y contractent souvent le germe de maladies mortelles. Converties en fourrage sec, ces plantes ne donnent pas un meilleur résultat lors de leur consommation en hiver. Avec ce régime débilitant, la dégénérescence des animaux est rapide. Dès la première génération, le produit des plus beaux types laisse déjà beaucoup à désirer pour l'élévation de

la taille, l'ampleur et l'élégance des formes. Ce fait explique, dans une certaine mesure, l'infériorité des races sur les contrées marécageuses où domine l'argile. Nos paysans, incapables d'en pénétrer la véritable cause, s'accordent néanmoins à en signaler les fâcheux effets. En parlant de cette sorte de fourrage : « *ó n'eï pas révénâblé* », disent-ils ; mots patois qui signifient que ce fourrage manque de *qualités nutritives*. Ils caractérisent parfaitement aussi le produit des bonnes prairies en disant de leurs animaux : « *y né léchorian mâ loû pélou qué y frugeorian* », c'est-à-dire, il suffit aux animaux, pour y profiter, de lécher le gazon.

TRAITEMENT NÉCESSAIRE AUX COUCHES ARGILEUSES.

Les couches argileuses demandent donc un traitement énergique ; comme les masses tourbeuses, elles doivent avant tout être desséchées. N'oublions pas, du reste, que nous avons à nous préoccuper uniquement de celles qui, par une inclinaison assez prononcée, peuvent se prêter à un assainissement complet et point trop onéreux.

Dans cette hypothèse même, les tranchées circulaires et latérales me paraissent insuffisantes. Il faut pratiquer, en outre, une ou plusieurs tranchées intermédiaires, selon l'étendue du terrain, afin d'obtenir le dessèchement de la masse entière. Le niveau, comme pour les sols tourbeux, aura indiqué le point où toutes les tranchées devront déverser et réunir les eaux recueillies par les aqueducs. Cette opération terminée, on n'attendra pas le dessèchement parfait pour y mettre la charrue ; l'argile prendrait alors une dureté qui décuplerait les difficultés du défrichement. Un second labour, en travers, doit suivre de près le premier, afin de briser les lanières et de les diviser le plus possible. Si l'argile est plastique ou glaiseuse, c'est-à-dire pure de sable et de cailloux, il faut, à chaque labour, y mêler des graviers, du sable de chemin, des débris de pierres, de tuiles, de briques ; des brindilles d'arbres, de genêt, de bruyère ; des résidus de bûcher ; des feuilles, des fougères ; en un mot, tout ce qui peut contribuer à diviser le sol et à en diminuer la compacité. Si, au contraire, le sol est argilo-sableux, ou possède naturellement, et en quantité suffisante, le sable et les cailloux; les terres recueillies dans les vieux fossés et sur les chemins boueux, les feuilles, les fougères, peuvent suffire. Au second labour, le phosphate fossile, ici plus efficace que le noir animal, aura dû être jeté à raison de 7 à 8 hectolitres par hectare.

Ce sol ainsi préparé et non ensemencé la première année, sera peu à peu désagrégé par l'action du phosphate, du soleil, de la pluie, de la gelée. Il aura reçu les principes atmosphériques qui lui manquent; et, dès la seconde année, il sera propre à donner de bons produits. Après une série de quatre ou cinq récoltes et un chaulage, comme pour la tourbe, on obtiendra une bonne prairie, perpétuelle sur la partie irriguée, temporaire sur la partie supérieure. Les animaux y trouveront alors des éléments de santé et de force, et non une cause de dépérissement et de dégénérescence.

En résumé, point d'hésitation pour les terrains tourbeux. La transformation indiquée, en ce qui les concerne, peut être regardée même comme une des opérations les plus utiles et les plus fructueuses en agriculture. Ainsi préparée, la tourbe pourra être classée parmi les terrains d'une fertilité exceptionnelle.

Il est aussi fort important, au point de vue de la prairie, de traiter les terrains argileux comme nous venons de le dire. On aura placé là un capital à 100 p. %; d'un sol stérile et d'une valeur bien minime, on aura fait un champ fertile.

Néanmoins, comme il est toujours bon, surtout en agriculture, de simplifier les choses et de viser à l'économie, j'insisterai sur les considérations suivantes, et je dirai au propriétaire : Avant de mettre la main à l'œuvre, examinez attentivement les parcelles qui entourent votre champ argileux. Si, à droite, à gauche, au-dessous, vous possédez une terre, une châtaigneraie, une bruyère, un champ quelconque au sous-sol solide et perméable; si le niveau vous indique la possibilité de déverser sur l'une de ces parcelles les eaux recueillies par les tranchées pratiquées dans le sol argileux, n'hésitez pas à y diriger ces eaux et à y asseoir votre prairie. Ce champ appartient-il à votre voisin ? *Avant de rien entreprendre*, tâchez de l'obtenir par voie d'acquisition ou d'échange. Avec un travail de moindre durée, plus facile et moins onéreux, vous parviendrez à un double résultat. Vous aurez une prairie de la première catégorie, au lieu d'une prairie de la troisième ; et, sur votre sol argileux desséché et abandonné à lui-même, vos animaux trouveront encore une pâture moins abondante, il est vrai, mais plus saine. Vous aurez enfin échangé un mauvais pacage pour une excellente prairie et un bon pâturage.

Dans le cas d'ailleurs où, par suite de son complet dessèchement, le lit argileux deviendrait impropre à la production des herbages, il serait utilement converti en terre arable, et, plus utilement encore, en semis des grandes espèces ligneuses : le chêne, le châtaignier, le bouleau, etc.

Quoi qu'il en soit, nous avons un intérêt capital à ne pas laisser nos prairies argileuses dans leur état naturel ; à utiliser, sur leur propre surface assainie, ou mieux sur les terrains voisins, les eaux qu'elles détiennent et qui y croupissent à notre détriment ; à remplacer enfin, par un meilleur emploi de ces eaux, une nourriture malsaine par un aliment mieux approprié au tempérament et aux besoins de nos animaux.

CHAPITRE III.

DES IRRIGATIONS. — CONSIDÉRATIONS GÉNÉRALES SUR LES IRRIGATIONS.

Longtemps méconnu, le Limousin ne pouvait être apprécié. Dépourvu de voies carrossables, il avait à peine quelques relations commerciales avec les provinces limitrophes, le Périgord surtout et l'Angoumois, qui recevaient une partie de son jeune bétail et lui envoyaient en échange le sel et le vin. Déjà, néanmoins, quelques troupeaux de bœufs et de moutons, les meilleurs et les plus gras, étaient expédiés pour Paris, où ils arrivaient exténués et amaigris par la fatigue d'une marche de plusieurs semaines. La chair de ces animaux était pourtant fort appréciée des habitants de la capitale.

L'établissement des routes royales, sous l'habile impulsion de l'illustre Turgot, facilita ces expéditions qui devinrent plus fréquentes. Un débouché, faible encore, était du moins assuré à nos produits agricoles. Nos prairies commencèrent à être l'objet de soins plus intelligents et plus fructueux. L'essor imprimé au mouvement commercial et industriel attira un plus grand nombre d'étrangers, dont les récits atténuèrent les fâcheuses préventions qui pesaient sur nous. On commença à entrevoir les ressources et les beautés de notre pays si long-temps déprécié.

Les voies ferrées, en multipliant les relations, ont achevé l'œuvre. Si l'on admire la fertilité des riches plaines de la Beauce, de la Limagne, de la Touraine, de la Saintonge, on n'est pas moins frappé des beautés agrestes et moins monotones du Limousin. Cette variété infinie de perspectives, cette série continuelle de coteaux ou vallons reliés entre eux par de ver-doyantes vallées, ces bois vigoureux, ces vastes châtaigneraies laissent dans l'esprit des voyageurs charmés une impression qui ne s'efface jamais. Nos belles eaux surtout excitent chez eux un véritable sentiment de convoitise. Partout, disent-ils avec rai-son, des sources fraîches et abondantes, des ruisseaux limpi-des, des rivières qui n'ont à redouter aucune comparaison pour la pureté et la transparence de leurs eaux. Mais ils reprochent aussi, et à bon droit, l'insouciance avec laquelle les habitants de cette contrée privilégiée laissent emporter au loin le fonds inépuisable de richesse contenu par ces cours d'eau.

A l'exception, en effet, des digues ou écluses construites pour le service des diverses usines, combien peu de barrages sont établis à l'usage des irrigations ! Le cours généralement rapide et encaissé des ruisseaux et des rivières, avec leurs cascades naturelles, se prêterait si facilement néanmoins aux dérivations ! Et, dans ces conditions, les dérivations, souvent peu dispendieuses, porteraient la fécondité sur de vastes ter-rains improductifs aujourd'hui. Chaque commune est traversée par un certain nombre de ces cours d'eau. Nous pouvons ce-pendant quelquefois parcourir, en les côtoyant, deux, trois, jusqu'à quatre kilomètres, sans rencontrer ni pacage, ni prairie sur les penchants qui en couronnent les deux rives et restent couverts, depuis des siècles, d'ajoncs et de bruyères. Avec les chutes ou cascades naturelles pour point de départ, des sommes relativement peu importantes suffiraient pour déverser les eaux sur ces penchants, et convertir en prairies fertiles de nombreux hectares de terrains incultes.

Quelques propriétaires intelligents l'ont compris : ils ont doublé, triplé la valeur de leurs héritages. Mais ces exceptions sont encore bien rares! L'ignorance des uns, l'indifférence des autres maintiennent, à ce sujet, la masse des propriétaires dans une fâcheuse routine. Le plus grand obstacle vient peut-être du morcellement qui devrait, au contraire, être un motif déterminant pour engager plusieurs voisins à entreprendre, à frais communs, ces grandes améliorations. Malheureusement, l'entente est chose rare entre propriétaires limitrophes. Le terrain supérieur, sur lequel serait utilement établie la prise d'eau, peut n'avoir pas assez d'étendue pour permettre à son possesseur de prendre seul la dépense à sa charge. Il serait facile de répartir cette dépense, comme le volume d'eau, proportionnellement entre lui et le propriétaire ou les propriétaires voisins. Quelques échanges de parcelles leur seraient aussi fort avantageux à tous. Mais, sous l'empire d'une jalousie mesquine ou d'un faux amour-propre, le premier se prêterait mal à une proposition sérieuse; les seconds se refuseraient à prendre, auprès de lui, la moindre initiative. Leurs intérêts en souffrent, leur fortune en est amoindrie; ils n'en persistent pas moins dans une ruineuse inaction. L'un craindrait de trop grossir les bénéfices des autres, qui eux-mêmes ne lui offriraient pas une indemnité suffisante.

Toutes ces résistances puériles tomberaient bien vite devant une intervention étrangère et en apparence officielle. Or, cette intervention, dont les résultats seraient si considérables, est-elle possible? est-elle réalisable? Quelques mots suffiront, à mon sens, pour démontrer qu'elle est d'une application simple et facile.

L'ASSOCIATION EST LE SEUL MOYEN PRATIQUE DE GÉNÉRALISER LES DÉRIVATIONS.

La création et l'exploitation des grandes entreprises industrielles, des lignes ferrées ou télégraphiques, des mines de houille ou autres, abandonnées à l'initiative privée, seraient toujours restées à l'état d'utopie. L'association seule pouvait en réaliser les merveilles. Les sociétés se sont formées, les capitaux se sont réunis, et cet accord a fait surgir ces travaux gigantesques dont l'imagination semblait effrayée. Pourquoi l'esprit d'association n'aurait-il pas le même succès pour la création et l'amélioration des prairies qui, chez nous, et au point de vue de l'intérêt public et privé, ne le cèdent pas en importance aux grands travaux d'art signalés plus haut ? Les lignes ferrées et télégraphiques, les usines industrielles, ont pour toute raison d'être et pour tout moyen d'existence le fonds même et les productions agricoles. Or, en Limousin, le véritable fonds agricole est la prairie naturelle. Aux diverses causes qui en arrêtent le développement, opposons donc le puissant levier de l'association !

Mais sur quelles bases ?

Comme je l'ai dit plus haut, l'association entre propriétaires voisins et cointéressés est presque toujours irréalisable. Il faut qu'elle ait son point de départ et son siége en dehors et au-dessus des petites coteries de village. Le chef-lieu de département, Limoges par conséquent, doit en être le centre; la Société d'agriculture, qui a déjà rendu de si nombreux services, pourrait en prendre l'initiative (1). Elle se compose de membres éclairés, riches, influents, qui, pour la plupart, sont propriétaires dans les divers cantons du département. Elle aurait donc en eux des correspondants naturels dans chaque canton. Au-dessous de ces correspondants, des agents salariés et capables seraient chargés de visiter les cours d'eau, de choisir et d'indiquer les points sur lesquels pourraient être prises les dérivations. Ils prépareraient les tracés, les plans et les devis. Le tout serait transmis par eux aux correspondants cantonaux, qui le soumettraient ensuite à la Société d'agriculture elle-même. Une commission, choisie dans le sein de cette dernière, examinerait la proposition, en apprécierait la convenance, la portée, l'utilité. La demande serait accueillie si les offres des

---

(1) Les honorables membres de la Société d'agriculture voudront me pardonner, je l'espère, la liberté avec laquelle je me permets de faire ainsi appel à leur dévoument bien connu aux intérêts agricoles de notre pays.

propriétaires intéressés couvraient largement les dépenses et paraient tout à la fois aux frais imprévus. Le salaire des agents chargés de la direction des travaux serait proportionnel aux bénéfices réalisés par la société sur chaque prise d'eau. Le prix à payer par les propriétaires appelés à jouir de ces dérivations, pourrait être une somme une fois donnée ou une redevance annuelle dont la durée n'excèderait pas trente ans.

Le fonds social ne me paraît pas devoir exiger un capital supérieur à vingt mille francs. Cette somme serait divisée en actions d'un taux assez peu élevé pour les mettre à la portée non-seulement de tous les membres de la Société d'agriculture, mais encore d'un grand nombre de propriétaires.

Les dépenses, pour chaque dérivation, seraient généralement peu considérables. Elles consisteraient simplement en un barrage en pierres ou en madriers, avec l'établissement d'une rigole. On aurait rarement à exécuter des travaux d'art, tels que ponceaux, aqueducs, chaussées. Comme nous l'avons déjà dit, du reste, la somme à payer par les cointéressés serait calculée d'avance sur les dépenses prévues ou autres. En un mot, après engagement réciproque et conventions préalablement faites, les agents de l'association feraient exécuter les travaux au lieu et place des propriétaires auxquels, selon des proportions établies d'avance, serait dévolue la jouissance de la prise d'eau.

La Société d'agriculture (1) donnerait ainsi un nouvel essor à nos productions agricoles; elle ferait une œuvre éminemment utile à nos populations. Après avoir distribué aux actionnaires un intérêt de 5 à 6 p. % du capital versé pour cette destination, elle pourrait, j'en suis convaincu, réaliser encore d'assez grands bénéfices pour lui permettre de donner plus d'extension et d'éclat aux récompenses et aux primes qu'elle décerne dans ses concours ou comices.

Cet appel sera-t-il entendu ? Ma voix a trop peu d'autorité pour m'inspirer à ce sujet une grande confiance. A défaut du moins de la Société d'agriculture, une association privée ne trouverait-elle pas, dans cette combinaison bien règlementée (2),

---

(1) M. le Préfet ne lui refuserait pas certainement son concours, et le Conseil général s'associerait volontiers à cette œuvre.

(2) En se conformant aux lois et usages qui règlementent la matière.

des éléments de succès et de prospérité? Qu'ils y réfléchissent
ceux qui se sentent animés de l'esprit des entreprises utiles et
lucratives!

Quoi qu'il en soit, j'émets cette idée telle quelle, sous forme
de digression. Si elle est juste et d'une application facile, comme
j'en ai la conviction, tôt ou tard elle s'imposera d'elle-même.

DE L'ÉTAT ACTUEL DES IRRIGATIONS.

Par des irrigations bien dirigées, bien ordonnées, faites en
temps opportun, ni trop rares, ni trop abondantes, avec de
bonnes eaux et une terre franche, le succès des prairies est
toujours assuré. Notre attention doit donc se porter sur ces
diverses considérations, puisque du développement des fourrages dépend le progrès de toute exploitation agricole.

La première, une des principales conditions de ce succès,
est la direction à donner aux eaux. Dans l'ensemble de nos
domaines, il y a, sur ce point, énormément à faire. Les rigoles, presque toujours tracées au cordeau, tiennent peu de
compte des accidents, des dépressions du terrain. Généralement trop profondes, elles laissent courir l'eau avec une rapidité qui rend impossible ou insignifiante l'irrigation des soles
adjacentes. Ailleurs, le défaut de pente ne permet plus à l'eau
de suivre son cours; elle s'assemble sur le même point, dé-
borde et se porte toute, pendant des mois entiers, sur les
mêmes parcelles déjà trop aqueuses par elles-mêmes. Ces parcelles se couvrent de joncs et de mauvaises plantes, pendant
que les parties supérieures restent desséchées et improductives.
Si enfin l'eau parvient à l'extrémité de la rigole, elle se dé-
verse en masse sur les bas-fonds de la prairie qui offrent alors
l'aspect d'un marécage.

Pour y remédier, le cordeau doit être proscrit et remplacé
par le niveau. Le niveau étonne quelquefois par les résultats
obtenus : il porte l'eau sur des éminences ou des penchants
qui, à vue d'œil, paraissent beaucoup plus élevés que le point
de départ. J'ai pu m'en convaincre par le fait suivant : Après
avoir tracé une rigole au niveau, j'en confiai l'exécution à deux
ouvriers intelligents; puis je m'absentai pour quelques heures.
A mon retour, je trouvai mes deux ouvriers inoccupés et fort

tristes. « Nous avons suspendu notre ouvrage, me dirent-ils, parce que vous vous êtes assurément trompé. La rigole monte beaucoup trop évidemment; l'eau ne pourrait la suivre. Nous avons cru devoir ne pas continuer un travail inutile. » Il fallut user d'autorité. Mes deux hommes travaillèrent toute la journée à regret et d'assez mauvaise grâce. Le soir, à la vue de l'eau qui suivait sans difficulté la rigole jusqu'au bout, ils furent frappés de stupéfaction. « Mais, Monsieur, me répétaient-ils encore, en se plaçant au point de départ de la rigole, l'eau monte, à coup sûr ! » Cette naïveté de gens d'une intelligence assez remarquable démontre la nécessité :

1° De ne point abandonner aux métayers le soin du nivellement qui doit être l'œuvre du maître ou d'un homme habitué à ce genre d'opérations;

2° Le besoin de surveiller, dans l'exécution, les métayers ou ouvriers qui ne donneraient pas une profondeur uniforme à la rigole, et qui, d'un jalon à l'autre, observeraient fort mal les courbes (1). Or, pour la rigole à niveau, la plus grande difficulté consiste à bien adapter les courbes aux irrégularités de la surface, en les dirigeant toujours en sens inverse des ondulations du sol. Si le terrain s'élève, la courbe doit s'incliner du côté de la pente; s'il s'abaisse, elle suivra une marche contraire. En serpentant ainsi sur les inégalités du sol, la rigole, avec la même profondeur dans toutes ses parties, répartira plus régulièrement les irrigations sur tous les points de la surface.

DES DIVERSES SORTES DE RIGOLES.

Dans une prise d'eau quelconque, soit d'une rivière ou ruisseau, soit d'un canal de dérivation, soit d'une pêcherie, la principale ou *maîtresse rigole* prendra son point de départ au lieu le plus élevé. Son but est de porter les eaux le plus haut possible, à droite ou à gauche, sur les parties sèches, et de

---

(1) Ce besoin de direction et de surveillance n'est indispensable, du reste, que pour le premier établissement des rigoles à niveau. Les métayers en suivront ensuite facilement le tracé, soit pour l'entretien, soit pour le renouvellement.

donner, s'il y a lieu, plus d'étendue à la prairie même. Cette rigole, avec une pente d'un centimètre par 10 mètres, aura à sa naissance une largeur suffisante pour recevoir aisément la masse entière de l'eau. En se prolongeant, elle perdra insensiblement de cette largeur et se rétréciera à mesure que l'eau sera absorbée par les arrosements. Dans tout son parcours et sur son bord inférieur seront pratiquées, de dix en dix mètres environ, de petites rigoles dites *dérivatives*, formant, avec la maîtresse rigole, des angles très aigus, et destinées à porter les irrigations plus abondamment tantôt sur un point, tantôt sur un autre.

A quelques mètres de l'extrémité de ces petites rigoles s'étendra une autre rigole, appelée *secondaire*, tracée au niveau et parallèle à la maîtresse rigole, mais moins large que cette dernière. Elle aura aussi ses petites rigoles dérivatives. Son objet sera de recueillir les eaux supérieures et de les répartir uniformément au-dessous d'elle. Le nombre de ces rigoles secondaires, parallèles à la première, sera déterminé par la masse d'eau disponible et par l'étendue du terrain à irriguer. Il ne faut pas craindre, du reste, de trop les multiplier. On rendra ainsi plus parfaite la distribution des eaux, mieux utilisées et éloignées des bas-fonds qui ne doivent être arrosés qu'à de longs intervalles.

Enfin, une ou plusieurs *rigoles d'écoulement* couperont, à angles se rapprochant plus ou moins de l'angle droit, les autres rigoles, principale ou secondaires, afin de les dessécher dans le temps où la présence des eaux deviendrait nuisible. Toutes ces eaux seront alors déversées dans leur lit naturel.

J'insisterai principalement sur l'utilité de multiplier les rigoles secondaires. Parcourons nos prairies dans les conditions actuelles, nous trouverons presque partout ces rigoles trop espacées et avec un trop petit nombre de rigoles dérivatives.

Le long des rigoles, les herbes se développent avec une vigueur excessive sur une bande d'un mètre à peine de largeur; l'action de l'eau cesse de se faire sentir au-dessous et à de grandes distances. Le rendement des prairies en souffre dans des proportions considérables, au double point de vue de la quantité et de la qualité. Ces mêmes rigoles ne sont pas assez souvent renouvelées et prennent, avec le temps, trop de profondeur et de largeur.

DES DIVERS MODES D'IRRIGATION.

Les irrigations peuvent avoir lieu par inondations ou *arrose-ments à grande eau*, ou par infiltrations. Chacune de ces deux façons de procéder a eu ses partisans exclusifs. Là, comme ailleurs, l'exagération s'est donné carrière. On n'a tenu compte ni du volume, ni de la qualité des eaux, ni surtout de la disposition superficielle du terrain.

ARROSEMENTS PAR INFILTRATIONS.

Si les eaux proviennent d'une rivière ou d'un ruisseau qui a déjà suivi un long parcours; si elles ont perdu la majeure partie de leurs principes fécondants par de précédentes irrigations, les arrosements par infiltrations, consistant simplement à tenir les rigoles pleines d'eau, ont pour résultat de couvrir de joncs et d'algues les bords de la rigole, sans efficacité sur le reste. Prises dans des sources voisines et chargées encore de tous leurs éléments de fertilité, les eaux provoquent une trop luxuriante végétation sur une étroite lisière et n'agissent guère au delà. Par les infiltrations, en effet, les eaux arrivent rapidement au sous-sol, dans lequel elles pénètrent et se perdent s'il est perméable. Est-il imperméable, au contraire, elles s'arrêtent et croupissent entre ce sous-sol et la couche végétale entretenue dans un état constant d'humidité funeste aux bonnes herbes.

Les irrigations par infiltrations peuvent convenir aux terrains à pentes rapides avec des rigoles très rapprochées. La rapidité de la pente ne laisse pas à la perméabilité du sous-sol le temps d'absorber toute l'eau, comme elle rend son imperméabilité impuissante à la retenir et à la décomposer sous la couche terreuse.

Les irrigations par infiltrations me paraissent donc devoir être proscrites d'une façon absolue sur les terrains plats ou à pentes peu sensibles. Elles conviennent aux pentes rapides, et peuvent donner de bons résultats sur les pentes moyennes pendant les chaleurs de l'été, lors du développement du regain. Encore faut-il éviter une continuité qui deviendrait funeste aux plantes. Après une semaine d'arrosement par infiltrations, les eaux doivent être retirées pendant la semaine suivante. S'il est bon d'entretenir une fraîcheur salutaire, il n'est pas moins utile d'empêcher une trop grande imbibition. Un ou deux arrosements à grande eau sur la surface peuvent être donnés avec avantage pendant cette semaine de relais.

ARROSEMENTS PAR INONDATION OU A GRANDE EAU SUR LA SURFACE.

Cette sorte d'arrosement, qui consiste à répandre abondamment l'eau sur toute la surface gazonneuse, est presque toujours préférable, surtout pour les terrains plats et à pentes peu sensibles ou moyennes. Il sera aussi utilement pratiqué sur les pentes rapides, mais à petite eau, c'est-à-dire avec une abondance moindre que pour les autres terrains, afin d'empêcher les ravins et d'éviter la déperdition des eaux. Au printemps, l'efficacité de cet arrosement est grande. Il enlève au sol son acidité et dépose sur les bonnes plantes les éléments propres à favoriser leur croissance. Si l'eau est de bonne qualité, il convient par tous les temps, mais avec d'assez longues intermittences, depuis le mois de février jusqu'à la fin de mai, le matin et le soir, surtout après les journées chaudes. Si les eaux ont déjà perdu de leur énergie par de précédentes et nombreuses irrigations; si elles sont naturellement mauvaises, chargées de principes acides et astringents, ou trop froides, le temps de pluie seul convient pour ces arrosements qui, commencés en février, doivent cesser vers le milieu d'avril. Avec la chaleur et sous l'action du soleil, les plantes seraient atrophiées par les eaux de cette nature. Il y aurait alors le plus grand avantage à faire ces irrigations pendant la nuit, en déversant les eaux sur le gazon, après le coucher du soleil, et en les retirant avant son lever. De cette façon, on pourrait les prolonger jusqu'à la fin de mai. L'eau, pendant la nuit, mettrait le gazon à l'abri du rayonnement et le protégerait contre les gelées blanches. Le terrain, ressuyé pendant le jour, conserverait toute son énergie productive, et les plantes jouiraient librement de l'influence

bienfaisante de l'air échauffé par les rayons du soleil. Cet arrosement à grande eau se fait par des coupures sur le bord inférieur de la rigole, avec des points d'arrêt en petites planches
ou même en gazon. Ces coupures doivent être assez multipliées
pour que l'eau s'épanche sur la sole entière ; il est nécessaire
de les renouveler souvent. Mais il faut pour cela un fort volume
d'eau, une prise sur un cours considérable, ou des sources
d'une abondance peu commune.

NÉCESSITÉ DES PÊCHERIES.

Avec de faibles sources ou de simples filets d'eau livrés à
leur propre cours, ce genre d'irrigation serait impraticable.
Par infiltrations, l'arrosement n'aurait aussi aucune efficacité ;
l'eau, absorbée par les rigoles, aurait peine à parvenir jusqu'au
gazon. Il faut alors recourir aux réservoirs ou pêcheries dans
lesquelles l'eau s'assemble et peut être périodiquement déversée
dans les rigoles, et de là sur la surface. Ces pêcheries ne sont
pas seulement nécessaires pour la réunion des eaux d'un faible
volume ; elles sont aussi fort utiles pour améliorer les eaux
naturellement mauvaises ou déjà privées d'une partie de leurs
principes fertilisants. Ainsi mises en dépôt, les eaux trop froides
se réchauffent ; elles reprennent facilement leur énergie première avec une assez faible dose de vidanges, de purin, d'engrais bien consommé, de composts faits de terre, de débris
végétaux et de chaux.

DE LA QUALITÉ DES EAUX.

Les meilleures eaux sont toujours les eaux vives ou pluviales
qui traversent les villages, charrient avec elles les terres
boueuses, le purin des étables et des airages, les détritus de
toutes sortes laissés par le passage fréquent des hommes et des
animaux. Partout où elles passent, elles remplissent le double
office de l'irrigation et de la fumure. Elles doivent donc être
recueillies avec le plus grand soin. Toute·dépense faite dans

ce but sera toujours une excellente opération. Laisser perdre
un pareil trésor serait plus qu'une faute. Pour elles, l'établissement d'une pêcherie est indispensable, afin de les épancher
sur un plus grand espace. Sur un espace trop restreint, elles
feraient croître l'ortie, la ciguë et autres plantes de ce genre,
où donneraient aux bonnes herbes versées une odeur et une
âcreté propres à rebuter les animaux.

Dans nos contrées granitiques, les sources qui jaillissent des
coteaux ou des vallées faisant face à la partie de l'horizon située de l'est au sud et du sud à l'ouest, fournissent toujours des
eaux excellentes si le sous-sol est solide et la surface mise en
culture. On le reconnaît facilement par la vigueur et la bonne
qualité des plantes qui naissent spontanément aux lieux où
elles se portent. Les eaux qui prennent naissance sous des
terrains exposés au nord, mais cultivés en céréales, sont ordinairement bonnes aussi, quoique plus froides et moins énergiques.

Elles sont mauvaises et dépourvues de toutes les qualités propres aux irrigations si, venues du nord, elles sont le produit
du suintement des soles tourbeuses et argileuses ou des forêts
épaisses. Il faut absolument les bonifier en les exposant à l'air
et au soleil dans des pêcheries où seront souvent déversés des
engrais, des terres, des composts. Mais est-il toujours facile,
possible même d'entretenir à grands frais et avec une perte de
temps considérable, ces condiments sans lesquels l'eau serait
plus nuisible qu'utile ? Dans certaines conditions, on pourrait
peut-être parvenir à les utiliser sans se soumettre à une charge
si onéreuse.

Les eaux de mauvaise qualité sont-elles assez abondantes
pour supporter, sans s'épuiser, un long parcours dans une
simple rigole, en plein air, à travers des champs à terre franche ? Possédons-nous de l'ouest au sud, à gauche, ou du levant au midi, à droite, un terrain sur lequel elles puissent être
ainsi dirigées ? N'hésitons pas à les y transporter : ces eaux
s'amélioreront par le fait seul de leur concentration et de leur
déplacement. Pendant le trajet, elles se dépouilleront de leur
acidité ; elles déposeront leurs sédiments nuisibles et les graines
de plantes marécageuses dont elles sont toujours chargées à
leur naissance. En retour, elles prendront une température
plus élevée ; elles seront bonifiées par le contact de l'atmo-

sphère et des couches terreuses ainsi traversées. Leur séjour dans une pêcherie bien exposée à l'ardeur du soleil achèvera de les améliorer.

Pour les irrigations, une grande abondance d'eau n'est pas toujours nécessaire, comme on le croit généralement. Quelquefois même cette abondance peut devenir nuisible. Un terrain saturé, sur lequel les eaux sont déversées trop fréquemment, se couvre d'une sorte de limon funeste à certaines variétés des meilleures plantes qui se développent avec trop de rapidité, versent, se pourrissent sur pied et produisent un mauvais fourrage. Le contraire peut avoir lieu dans certaines conditions résultant de la nature du terrain et de l'eau. Les irrigations trop prolongées amènent l'asphyxie sur les herbes qui, malgré une teinte verte très prononcée, s'étiolent et ne produisent presque rien.

En résumé, sur les prairies hâtives, riches en humus, fertilisées de longue date par la fumure et les eaux, les irrigations doivent être faites avec la plus grande mesure, si l'on ne veut pas sacrifier la qualité des fourrages à la quantité. Un ou deux arrosements par semaine peuvent suffire. Il est quelquefois utile de les suspendre d'une manière absolue, dès la dernière quinzaine de mai, c'est-à-dire dans le temps de la croissance rapide des plantes.

Les prairies dont la couche végétale et les eaux ont moins d'énergie, demandent des irrigations plus fréquentes, mais avec d'assez longues intermittences. Le matin, au lever du soleil, et le soir, avant son coucher, paraissent les moments les plus favorables pour ces arrosements. Ils deviendront plus rares à mesure que les herbes se développeront, et devront cesser avant leur parfait développement. N'imitons pas certains propriétaires qui, par ignorance ou par un sentiment de mesquine jalousie, cherchent à priver leur voisin inférieur de l'excédant de leurs eaux, en les détenant le plus possible, au grand préjudice de leur propre récolte.

CHAPITRE IV.

DE LA FUMURE DES PRAIRIES.

Sans fumure, avec des eaux de bonne qualité, sur des soles
à terre franche, les prairies, nous l'avons déjà dit, peuvent
progresser, quoique lentement.

Sur un sol médiocre, avec des eaux peu énergiques, la marche progressive est nulle; l'épuisement est inévitable, au contraire, les bonnes plantes ne tardant pas à disparaître.

Irrigués par de mauvaises eaux, ces mêmes terrains
médiocres donnent, dès les premières années, des résultats
bien insignifiants. Que d'hectares doit parcourir la faux pour
obtenir une faible provision de fourrages !

Enfin, les prairies sèches non fumées, lesquelles exigent un
excellent terrain, doivent être rompues au bout de huit à dix
ans. Cela se conçoit, du reste. Les prairies, chaque année,
abandonnent leur produit sans rien recevoir comme compensation. Si même leur maigre regain ne nous forçait à les faire
pâturer en septembre et octobre, elles seraient bientôt totalement épuisées. Les pâturages sont mieux traités à cet égard :
les animaux y laissent en engrais au moins une bonne partie,
sinon la totalité des aliments qu'ils en reçoivent.

Je n'insisterai donc pas sur la nécessité de fumer les prairies.
Cette vérité est généralement reconnue, proclamée dans toutes
les réunions agricoles, considérée par tous, métayers aussi
bien que propriétaires, comme la véritable base du progrès de
notre agriculture.

Et cependant, l'usage de la fumure sur les prairies de nos
domaines est à peu près nul; ou du moins, la faible mesure
avec laquelle il est pratiqué permet de le regarder comme tel.
Un si déplorable état de choses doit avoir des causes profondes,
séculaires. Nous les rechercherons plus tard, et nous trouverons avec elles le remède peut-être. Occupons-nous, pour le
moment, des différents modes de fumure usités sur les réserves

et sur les rares domaines en mesure, dès aujourd'hui, de disposer d'une partie de leur fumier pour les fourrages naturels.

DES DIVERS MODES DE FUMURE ACTUELLEMENT USITÉS.

Deux modes de fumure, pour les prairies, sont à peu près partout usités aujourd'hui : *la fumure en couverture* et *la fumure par les engrais ou composts déversés et agités dans les eaux des pêcheries.*

Aucune de ces deux façons de procéder ne me paraît, *dans son exécution habituelle,* réunir les conditions désirables pour une bonne fumure. Elles ont, en outre, l'une et l'autre, des inconvénients dont rien ne vient compenser la gravité.

DE LA FUMURE EN COUVERTURE DANS LES CONDITIONS ACTUELLES.

Le fumier en couverture est le plus ordinairement déposé sur les parties sèches ou faiblement irriguées. Cette opération se fait à la fin de novembre, en décembre ou au commencement de janvier. Aussitôt après le transport du fumier, on s'empresse de le répandre et de le diviser le plus possible sur toute la surface. Les uns préfèrent le fumier bien consommé ; d'autres le fumier long et pailleux. Nous verrons bientôt pourquoi le fumier consommé doit avoir la préférence.

Si l'on considère l'énergie avec laquelle agit le fumier fraîchement remué, sa promptitude à se débarrasser de ses parties solubles et volatiles, on comprendra que, ainsi exposé aux intempéries, il lui faut moins de trois semaines pour se dépouiller des principaux éléments qui constituent sa puissance et lui donnent action sur les plantes. On sera frappé alors des conséquences résultant de chacune des deux alternatives suivantes :

Ou le mois qui suivra le transport et la division du fumier, en décembre, sera *froid et sec ;*

Ou il sera *humide et pluvieux.*

Avec le froid et la sécheresse, le fumier sera bientôt privé de toute énergie par l'évaporation de ses gaz dans l'atmosphère. La pluie, à son retour, trouvera simplement les parties pailleuses, ligneuses ou terreuses qui, enfouies dans la terre, auraient encore une certaine valeur, mais qui resteront complètement inertes sur la surface serrée et compacte de la prairie. Leur influence sur les plantes, au printemps, est à peu près nulle. Ainsi se trouve perdu le capital représenté par la valeur de ce fumier et de la main-d'œuvre.

L'agriculteur ne voit pas, sur la parcelle fumée, plus de fourrage que sur les autres parties. Sous le coup de cette déception, il se décourage. Loin de m'avoir été utile, mon fumier, se dit-il, *a brûlé le gazon.* Non, le fumier n'a pas brûlé le gazon; mais, pour les causes signalées plus haut, il n'a eu sur lui aucune action.

Après la fumure en décembre, l'humidité et la pluie persistent-elles quelques semaines, nous aurons un résultat tout opposé, mais encore bien peu rémunérateur.

Rapidement dégagés par l'humidité et entraînés par la pluie, les gaz volatils, les particules solubles et alcalines pénètrent dans le tissu gazonneux et exercent une action immédiate sur les plantes qui se développent prématurément. Dès la dernière quinzaine de janvier, les parties fumées deviennent verdoyantes avec toutes les apparences d'une végétation vigoureuse et exceptionnelle. Sous la double influence de cette chaude couche de fumier et de la douceur de la température, les graminées et les légumineuses croissent comme en avril, pendant que les parties non fumées restent stationnaires. Le froid survient en février ou au commencement de mars; les gelées surprennent et brûlent ces plantes rendues frêles et délicates par la rapidité d'une croissance trop hâtive. La meilleure part de la récolte de l'année est ainsi enlevée.

Le fumier long et pailleux protégerait mieux alors le gazon; mais il offre aussi de nombreux inconvénients. Il fournit une retraite aux souris, aux mulots, aux insectes; il les attire par conséquent. Il rend les plantes encore plus délicates et plus sensibles aux gelées tardives après l'enlèvement de la paille. Une autre cause non moins sérieuse, comme nous le verrons plus loin, suffirait seule pour le faire écarter.

Par suite de ces diverses considérations, je ne choisirai donc pas le fumier frais et long, et je ne fumerai jamais les prairies en novembre, décembre et janvier.

DE LA FUMURE PAR IRRIGATIONS DANS LES CONDITIONS ACTUELLES.

En novembre, décembre et janvier, les engrais et les composts jetés dans les pêcheries ne placent pas la fumure des prairies dans de meilleures conditions. Les conséquences sont à peu près les mêmes. Ce mode a, en outre, l'inconvénient de donner trop aux parcelles voisines de la pêcherie et de ne presque rien réserver pour les parties éloignées. Agitées par un moyen quelconque, les eaux sortent de la pêcherie bourbeuses, épaisses, chargées des sels et des particules les plus substantielles de l'engrais. Ces sédiments de fertilité ont la plus grande tendance à se séparer des eaux qui les charrient. Un faible parcours suffit pour *leur précipité* au fond de la rigole, ou *leur dépôt* sur le gazon voisin. Ce gazon se couvre alors d'herbages surchargés de principes alcalins dont l'odeur forte et le goût âcre répugnent aux animaux. Comme conséquence, *excès de fertilisation* des parties adjacentes à la pêcherie au détriment des parcelles plus éloignées, et, par suite, *répartition vicieuse et mauvais emploi des engrais.*

VÉRITABLE MANIÈRE DE PROCÉDER POUR LA FUMURE DES PRAIRIES.

Pour rendre meilleur l'emploi des engrais et leur donner une répartition plus régulière et plus fructueuse; pour obvier enfin aux inconvénients signalés plus haut, il me paraît rationnel et nécessaire de procéder de la manière suivante soit pour le fumier en couverture, soit pour la fumure par irrigations. Dans l'un et l'autre cas, cette fumure ne devra jamais précéder le mois de février. Dût-elle même être retardée jusqu'à la fin de février, on y procédera par un temps humide et pluvieux, et jamais par un temps froid et sec. Il ne faut pas s'effrayer des traces profondes laissées par le passage des charrettes et des animaux. Le gazon ainsi défoncé sera en quelque sorte renouvelé par un contact plus immédiat et par une absorption plus complète des sucs du fumier et des éléments atmosphériques. Les ornières d'ailleurs seront facilement refermées avec le râteau et la houe, et il n'en restera pas de vestiges lors de la fauchaison.

NOUVEAU MODE DE FUMURE PAR IRRIGATIONS.

Le mode de fumure par irrigations, le meilleur sans contredit, serait impraticable sans la présence d'un volume d'eau assez considérable provenant soit d'une dérivation, soit d'une pêcherie. Pour y procéder, nous choisirons d'abord la maîtresse rigole dont nous avons déjà parlé à propos des irrigations. Sur cette rigole et dans son axe même, nous pratiquerons, de 10 en 10 mètres de distance, des tranchées longues de 2 mètres, larges de 1 mètre et profondes de 50 centimètres. Si, par exemple, dans son parcours total sur la prairie, notre rigole a 150 mètres, elle traversera longitudinalement quinze de ces petites tranchées. Les gazons de ces tranchées, coupés en tronçons réguliers et soigneusement enlevés, seront, ainsi que les terres extraites avec eux, disposés en forme d'épaulement sur le bord inférieur de la tranchée. Chaque tranchée sera ensuite remplie de fumier bien consommé; l'eau venant alors à pleine rigole, passera successivement sur chacune de ces couches de fumier. Une légère agitation en dégagera les parties solubles qui, entraînées dans les petites rigoles dérivatives, se répandront uniformément sur toute la sole inférieure. Il sera facile de diriger, partout où besoin sera, les eaux saturées des éléments de fertilité enlevés au fumier.

Nous procèderons de la même façon sur la première rigole, dite secondaire, puis sur la seconde, et ainsi de suite, selon la quantité de fumier disponible. Nous porterons, l'année suivante, la fumure sur les rigoles secondaires qui n'en auront pas reçu la première année. Vers le 15 ou 20 mars, lorsque le fumier aura été complètement enlevé par les eaux, nous refermerons les tranchées, d'abord avec les terres, puis avec les gazons relevés sur le bord, de manière à rétablir la rigole dans son état primitif.

On concevra sans peine l'utilité d'un genre de fumure simple, facile à mettre en pratique, avec lequel, sans déperdition aucune, nous sommes assurés d'obtenir une distribution parfaite du fumier. La dépense, pour ouvrir et refermer les tranchées, sera certainement inférieure à la dépense nécessitée, avec l'ancien mode, par le besoin de transporter le fumier sur un plus large espace, de le diviser d'abord avec la fourche, puis avec le râteau, et d'enlever les détritus dont le gazon reste couvert.

Toute hésitation, du reste, devra cesser devant les considérations suivantes qui me paraissent décisives. A l'aide de nos tranchées, nous fumerons mieux et plus d'espace avec vingt voitures de fumier qu'avec trente par l'ancien mode. Nous ne serons plus exposés à voir le froid et la sécheresse priver nos engrais de toute énergie et les rendre inertes. Enfin, nos fumures, faites à la fin de février, agiront seulement à la fin de mars, sur le gazon dont le produit sera moins sujet à être enlevé par les gelées tardives. Partout où l'eau peut servir d'agent à la fumure, ce mode doit donc être employé de préférence à tout autre.

FUMURE EN COUVERTURE A L'AIDE DU PRATO-SÉCATEUR.

Sur les parties sèches des prairies, qui ont le plus besoin de fumier, il devient indispensable de recourir à la fumure en couverture. Mais, après son transport et sa division, dans la dernière quinzaine de février, ce fumier ne doit pas être abandonné à lui-même. Pour éviter la dessication et la déperdition, j'ai employé avec le plus grand succès le procédé suivant.

J'ai fait confectionner par un habile ouvrier forgeron une machine à laquelle j'ai donné le nom de prato-sécateur. Cet instrument coupe et divise la surface gazonneuse en tronçons de vingt-cinq centimètres carrés séparés entre eux par une sorte de rainure de sept à huit centimètres de profondeur sur cinq à six de largeur. Quelques coups de râteau suffisent ensuite pour introduire dans ces rainures les particules de fumier répandu sur le gazon avant le passage de la machine. Le fumier, sans avoir rien perdu de sa puissance, est ainsi mis immédiatement en contact avec les racines du gazon dont chaque tronçon ou motte se trouve complètement entouré. Avec lui , pénètrent également la pluie, l'air et la lumière. Il est facile de comprendre quelle action doit avoir sur les plantes ce fumier ainsi combiné avec les éléments atmosphériques. Le fumier long et pailleux ne se prêterait évidemment pas à un pareil traitement : c'est un motif de plus, et à lui seul bien suffisant, pour ne pas l'employer à la fumure des prairies. Dans une journée, on peut découper un hectare de prairie avec le prato-sécateur traîné par une paire de bœufs ou de vaches et dirigé par un homme et un enfant de douze à quinze ans.

Il n'y a pas seulement utilité à faire fonctionner le prato-sécateur pour la fumure. Il peut être encore employé avec efficacité sur les parties sèches ou irriguées, mais non fumées. Les effets de la herse ne sauraient être comparés aux résultats produits par son passage. Ses coupures larges et profondes opèrent une véritable rénovation du terrain dont elles diminuent la compacité, et auquel elles permettent d'aspirer plus librement les principes extérieurs si nécessaires à la végétation. Elles offrent, en même temps, une issue propre à favoriser l'évaporation des gaz acides accumulés sous le tissu gazonneux et nuisibles aux graminées.

Il nous procure aussi un moyen facile de chauler les vieilles prairies, en jetant sur la pelouse, avant ou après son passage, un mélange de terre et de chaux délitée. Le râteau conduit ce mélange dans les rainures. Sur les parties naturellement aqueuses et qui ne peuvent suffisamment être ressuyées par le rigolage, cet instrument est aussi très efficace. En le poussant dans le sens de la pente, il laisse après lui, et à vingt-cinq centimètres les unes des autres, ses coupures longitudinales qui font l'office d'un véritable drainage superficiel, égouttent le terrain, altèrent la constitution des joncs, des algues et des mousses, et rendent la vigueur aux bons herbages.

A titre d'expérience, je choisis en 1868, au milieu d'une prairie sèche, une parcelle de vingt-cinq ares environ dont toutes les parties se trouvaient dans des conditions identiques. Je divisai cette parcelle en trois bandes égales en superficie, n° 1, n° 2, n° 3. D'un engrais pris au même tas, je fumai, à doses égales, les bandes n° 1 et n° 2. Je fis passer le prato-sécateur sur les bandes n° 2 et n° 3.

Ainsi, la bande n° 1 fut fumée et non découpée;
La bande n° 2 fut fumée et découpée;
La bande n° 3 fut découpée et non fumée.

Le produit de la bande n° 2 excéda d'un tiers le produit de la bande n° 1; celle-ci ne donna qu'un huitième de plus que la bande n° 3. Le simple passage de la machine produisit donc un résultat se rapprochant beaucoup de celui de la fumure ordinaire dont il augmenta d'un tiers le produit de la bande n° 2.

La même expérience répétée en 1869 dans les mêmes conditions et sur une plus vaste échelle, a été encore plus concluante.

En outre, une parcelle aqueuse non fumée et soumise à l'action du prato-sécateur s'est couverte aussi d'une végétation notablement supérieure, en qualité et en quantité, à celle des parcelles voisines.

TRAITEMENT A DONNER AUX PARTIES SÈCHES DES PRAIRIES, SI ELLES NE PEUVENT ÊTRE FUMÉES.

Si enfin le fumier manque, rompez pour quelques années les parties sèches des prairies; remplacez-les momentanément et en vue des fourrages, par des parcelles de terre d'une égale étendue. Pendant une période de sept à huit ans, les premières bénéficieront des engrais qui, sans cette mutation, auraient été déversés sur les secondes. Vous fumerez ainsi vos prairies sèches avec de meilleurs produits *en grains* sur les parcelles retournées, *en fourrages* sur les terres auxquelles vous laisserez un repos salutaire.

En somme, les fumures, soit par irrigations, soit en couverture, ne devront pas précéder la dernière quinzaine de février. Le rigolage, pratiqué d'après les principes précédemment posés, servira de guide et d'agent pour la répartition des engrais ou composts destinés à la fumure des prairies irriguées, et déposés dans les petites tranchées. Le prato-sécateur sera le complément indispensable de toute fumure en couverture sur les parties irriguées ou non. Avec cet instrument, les vieilles prairies pourront être renouvelées et chaulées sans être rom-

7

pues. Pour ce double résultat, il suffira de jeter sur le gazon, avant le passage de la machine, un mélange de terre et de chaux délitée, avec des graines du meilleur foin.

FIN DE LA TROISIÈME ET DERNIÈRE PARTIE.

CONCLUSION

La culture des céréales et des fourragères est en voie de progrès, il faut le reconnaître.

Les irrigations, incomplètes encore et mal ordonnées, tendent cependant à prendre plus de développement et une meilleure direction.

Mais, dans nos domaines, la fumure des prairies reste stationnaire. Nul n'ignore pourtant que la manière la plus certaine de se procurer des engrais, c'est de les appliquer aux prairies. La prairie n'est pas ingrate : donnez-lui *un*, elle vous rendra *dix*. Tous nos efforts doivent donc avoir pour but de généraliser cette fumure dans nos contrées dont la véritable richesse, quoi qu'on fasse, sera toujours la culture des fourrages naturels.

Aussi ne cesserons-nous d'insister sur la nécessité d'améliorer les prairies qui existent déjà, d'en créer de nouvelles partout où cette création sera possible, et de veiller, avec la plus grande attention, à l'entretien et à la bonne exploitation de toutes. Nous ne saurions trop le répéter : qu'on ne craigne pas de *restreindre la culture des céréales pour donner plus d'extension à celle des prairies*. C'est ici qu'apparaît surtout le côté vrai du *système du demi-assolement en fourrages*. Doublez le fourrage, vous augmenterez dans des proportions analogues le rendement des grains.

Cette vérité, déjà précédemment démontrée, ressort, jusqu'à l'évidence, de faits acquis et mis, en quelque sorte, sous les yeux des populations entières. Il n'est pas une commune qui n'offre un spécimen de cette nature. Tel domaine donnait autrefois à peine deux cents quintaux de médiocre fourrage et trente à trente-six hectolitres de seigle, qui, aujourd'hui, par l'amélioration ou l'augmentation des prairies, produit cinq à six cents quintaux d'excellent foin, et soixante à quatre-vingts hectolitres de seigle ou même de froment.

Propriétaires et consommateurs ont donc tout à gagner dans cette transformation qui offre une occupation attrayante, honorable et lucrative à tout agriculteur résolu, intelligent et soigneux. Quelques avances de capitaux sont nécessaires, il est vrai; mais quelle est l'industrie qui n'exige pas de capitaux?

Combien de jeunes gens vont consumer leur intelligence et leur énergie dans des magasins, dans des bureaux, dans l'exercice de fonctions peu rémunératrices et recherchées cependant avec tant d'ardeur! Ils avaient dans les propriétés de leurs pères des éléments certains de considération, d'indépendance et de bien-être : ils n'avaient qu'à mettre la main à l'œuvre. ils ne l'ont pas compris ou ont été mal dirigés, et ils sont allés au loin gagner péniblement leurs dépenses annuelles. A la fin de leur carrière, ils retrouvent le plus souvent leur patrimoine amoindri; tandis que de simples fermiers ont quelquefois doublé ou triplé leur avoir.

Notre beau pays a des ressources infinies. La misérable récolte en seigle de 1868 aurait eu, pour toute autre contrée, les conséquences les plus désastreuses. Sa population s'en est à peine aperçue, grâce à l'exubérance de sa seconde récolte dite *de Saint-Michel*. Dans cette même année, le produit des porcs nourrains a comblé, en grande partie, le dommage causé par la baisse que le défaut de fourrages a fait peser sur la race bovine. La variété de ses produits le met toujours ainsi à l'abri des grandes misères. Il deviendra un des plus riches de France, dès qu'un élan vigoureux aura porté l'agriculture limousine dans sa véritable voie, dans *la culture sérieuse des fourrages verts ou secs.*

APPENDICE

—————⚬⚬⚬—————

SUR LES CONCOURS.

La valeur relative, comme la valeur intrinsèque de la race bovine dite race limousine pure, vient d'être mise en relief une fois encore, et d'une façon décisive, au dernier concours régional de Bordeaux. Tout le monde était frappé de l'heureux ensemble résultant, chez les sujets exposés, de l'incomparable beauté des formes unie à la vigueur de la constitution. Cette belle race, justement appréciée enfin, se distingue, chaque année, par un nouveau progrès. Attachons-nous donc à la développer encore; mais sans mélange, sans ces croisements malheureux qui auraient pour résultat de la faire disparaître comme a disparu notre excellente race chevaline, dont on recherche peut-être aujourd'hui inutilement le type. Le mal, à cet égard, était déjà grand; mais, grâce à Dieu, signalé à temps, il a été possible d'en arrêter la marche et de conserver de nombreux sujets purs dans plusieurs cantons de la Haute-Vienne, dans ceux en particulier de Saint-Léonard et d'Ambazac. Cette amélioration sera favorisée encore par la généralisation du système du demi-assolement en fourrages verts, puisque les animaux d'élite ne se trouveront plus seulement dans quelques réserves tenues à grands frais, mais dans nos domaines, où ils recevront la nourriture et les soins qu'il est permis d'attendre de métayers, assurément plus intéressés au succès que de simples domestiques. Nous en avons la preuve dans la décision du jury de Bordeaux, qui a accordé, en 1867, 19 prix et 4 mentions aux animaux présentés par les métayers de l'honorable M. Charles de Léobardy. Ce fait doit suffire pour nous donner confiance dans le métayage, à la condition toutefois que le maître s'inspirera du besoin de diriger et de surveiller ses colons.

L'institution des concours régionaux nous a donc rendu des services incontestables. Ils ont mis en évidence la supériorité de notre race bovine, et, par cela même, nous ont ouvert de nombreux débouchés. L'espoir d'obtenir une distinction flatteuse pour tout le monde, pour l'homme riche surtout, a conduit quelques propriétaires à faire, en vue de ces concours, des travaux d'amélioration, des assolements plus considérables en fourrages verts, un choix plus intelligent d'animaux reproducteurs, d'instruments et de machines perfectionnés. Nous avons fait ainsi un pas dans la voie du progrès, mais uniquement au point de vue de l'intérêt privé; dans l'impossibilité, en effet, d'en faire ressortir jusqu'à ce jour un avantage appréciable pour l'agriculture prise dans son ensemble, n'avons-nous pas à craindre que ce progrès ne se ralentisse ou ne se généralise pas suffisamment?

On a été certainement frappé, comme moi, de voir la fréquentation de ces concours se borner à un nombre très limité d'agriculteurs, presque toujours les mêmes. Il n'est pas facile de se décider à un long déplacement qui entraîne des dépenses et une perte de temps dont les conséquences, en cas d'insuccès, seraient peut-être la gêne dans les affaires et le malaise dans la famille. Tel propriétaire s'abstient qui, cependant sent la supériorité de ses produits sur ceux de son voisin plus hardi ou plus riche. Ainsi disparaît l'encouragement général qu'on a voulu donner à l'agriculture. Cet encouragement reste partiel et me paraît avoir donné, dans les conditions actuelles, tout ce qu'il pouvait produire. La masse des propriétaires et fermiers se tient à l'écart; leur indifférence, à l'endroit des concours régionaux, augmente chaque année; c'est à peine s'ils s'informent du lieu et du jour de ces réunions lointaines.

Du reste, si, en France, l'engouement est facile, il est de courte durée, surtout pour les choses trop répétées et dont, à longue distance, on apprécie mal l'intérêt.

Bien que la création des comices d'arrondissement et de canton paraisse d'une utilité plus directe et plus générale, ces derniers n'atteignent cependant pas encore le but, puisque, trop souvent, les primes sont données à qui n'a d'autre mérite que d'avoir acheté un ou plusieurs animaux d'un voisin plus soigneux, ou sont attribuées au possesseur d'une génisse, d'un taureau, né accidentellement dans une étable mal tenue et composée de sujets plus que médiocres. Pour ce taureau, pour cette génisse, la vente suit presque toujours immédiatement la clôture du concours, et l'étable retombe dans son état d'infériorité.

On donne bien, je le sais, une prime d'honneur à l'agriculteur dont l'exploitation est la mieux dirigée; mais cela est-il suffisant? et puis, cette prime n'est-elle pas, pour ainsi dire, d'avance et exclusivement dévolue à qui a pu dépenser le plus, à celui, par conséquent, qui a le moins besoin d'encouragement? d'ailleurs, n'a-t-on rien à reprocher à l'esprit de partialité toujours habile à se glisser en toute chose et en toute occasion? tel prix n'a-t-il pas été quelquefois donné à tel animal, parce que ce dernier appartenait à celui-ci plutôt qu'à un autre? Pour ma part, je ne le crois pas; mais, malheureusement, tout le monde ne partage pas ma confiance. Ne pourrait-on trouver le moyen de ramener dans les esprits cette confiance sans laquelle ni efforts, ni dépenses ne sauraient empêcher les concours et les comices d'être désormais frappés de stérilité? Cette indifférence ou, mieux, cette inquiétude générale a, selon moi, pour véritable cause l'erreur capitale sur laquelle on a basé l'institution des concours. On a commencé par où il fallait finir. L'encouragement, au lieu de se porter sur les groupes, sur la tenue générale des propriétés, s'est arrêté sur des sujets isolés, s'est morcelé, s'est amoindri. Pour quelques têtes de choix, on a négligé les étables entières, le véritable fond de l'agriculture dont il fallait d'abord se préoccuper. Après l'amélioration des groupes, lorsque nos animaux, dans leur ensemble, auraient eu acquis la beauté et la valeur, et nos domaines la riche culture que nous sommes en droit d'attendre, alors, mais seulement alors serait venu le tour

des sujets isolés auxquels je ne refuserais pas systématique-
ment les primes.

La suppression des concours et des comices, dont on ne
saurait contester l'utilité au point de vue agricole, n'entre donc
pas dans ma pensée. Si j'étais plus autorisé, je demanderais,
au contraire, une organisation meilleure, des moyens plus
rationnels, plus pratiques, plus sûrs, pour découvrir l'agriculteur intelligent, actif et modeste qui, souvent avec de faibles
ressources, a créé, amélioré son héritage, a tout perfectionné
chez lui, en donnant, à ce qui l'entoure, l'exemple en toutes
choses. Au lieu d'attendre de tels hommes, les comices doivent
aller les trouver.

Dans cet ordre d'idées, je proposerais volontiers la combinaison suivante, en laissant aux hommes compétents le soin
d'en apprécier la valeur :

1° Pour éviter la lassitude et les déplacements trop fréquents,
les concours régionaux auraient lieu tous les trois ans. Tous les
trois ans aussi s'ouvriraient, au chef-lieu de département, des
comices dont la réunion ne précèderait que de quelques jours
celle du concours régional.

2° Chaque canton aurait son comice agricole annuel; on y
primerait d'abord, pour chaque commune, un taureau repro-
ducteur mis, moyennant une rétribution, à la disposition de
tous les propriétaires de la commune. Toutes les autres primes
actuelles pour vache suitée ou non, génisse, veau, bélier, etc.,
seraient supprimées. Ces primes, au lieu d'être, comme par le
passé, données à des sujets isolés, le seraient désormais aux
groupes entiers, c'est-à-dire à l'ensemble des animaux d'un
domaine dans lequel, sur la demande de tout propriétaire ou
fermier, se transporterait un jury de trois membres toujours
pris en dehors du canton. Ce jury, outre les mentions, accor-
derait, selon les ressources pécuniaires du comice, des premiers et seconds prix, d'abord aux plus beaux groupes, ensuite
à la meilleure culture des prés, pacages, fourrages et terres.
Comme il serait difficile d'établir un terme de comparaison
entre l'exploitation d'un domaine de deux ou quatre vaches, et
celle d'un domaine de six ou de huit, on pourrait former trois
catégories, les domaines de chacune d'elles pouvant seuls
concourir ensemble :

1º Domaine ou réserve de 2 à 4 vaches;
2º   —   de 6 à 8 vaches;
3º   —   de 10 et au-dessus.

Dans tous les cantons, outre les mentions honorables, nous aurions ainsi, annuellement et dans chaque catégorie, deux prix pour les étables, deux pour la tenue des prés, pacages, etc., soit six premiers prix et six seconds. Pour machines, instruments et produits divers, on donnerait un ou plusieurs prix, selon l'importance des inventions ou des perfectionnements.

3º Pendant les deux années suivantes, tout premier prix cantonal serait mis hors de concours avec rappel, et les seconds prix ne pourraient concourir que pour les premiers.

4º Un des résultats de ces trois années de concours successifs serait de donner, uniquement pour le bétail, machines et produits, un total de 18 à 20 lauréats dans chaque canton, ou, en moyenne, 500 pour les 27 cantons de notre département, lesquels seraient seuls appelés à concourir ensemble au comice du chef-lieu.

5º Enfin, les lauréats de cette dernière réunion seraient, immédiatement après, envoyés au concours régional, où nous aurions la certitude de voir notre agriculture dignement représentée, puisqu'elle le serait par des sujets ayant déjà subi deux épreuves sérieuses. Cet envoi serait fait aux frais de la caisse du comice départemental ou de toute autre caisse, et la dépense serait facilement couverte par les économies résultant de la réunion triennale et non plus annuelle des concours régionaux et des comices de département. Tout autre propriétaire ou fermier pourrait, du reste, participer au concours régional, mais à ses risques et périls.

Dans ces conditions, producteurs et constructeurs auraient mieux le loisir d'améliorer, d'inventer, de perfectionner. La crainte d'une dépense onéreuse et peut-être stérile n'éloignerait plus le mérite des concours auxquels les populations agricoles s'intéresseraient en raison du nombre de leurs amis, voisins ou connaissances qui y seraient appelés. La lutte, sérieuse d'abord entre les agriculteurs du canton, puis entre les cantons du département, deviendrait des plus brillantes lors de la réunion de tous les lauréats élus et devenus les candidats des divers départements de la région entière.

Enfin, les décisions des jurys inspireraient une confiance plus générale, trouveraient plus d'autorité dans cette sorte de contrôle du comice du département sur ceux des cantons, et surtout dans ce fait que la lutte, au concours régional, sortirait des limites étroites de l'intérêt privé, pour prendre les proportions de l'intérêt départemental.

SUR LES PIES.

L'agriculture, pour laquelle ne tarde pas à se passionner celui qui s'y livre exclusivement, offre pourtant bien des mécomptes, est accompagnée de bien des déceptions. Les combinaisons les plus heureuses, les meilleures préparations sont parfois contrariées, mises à néant par les intempéries, par le froid, la grêle, la trop grande abondance ou la rareté des pluies. En lui suscitant une foule d'obstacles, d'ennemis qui semblent destinés à se succéder par séries et avec une fatale périodicité, la nature a voulu tenir constamment en éveil la sollicitude, l'énergie, la patience de l'agriculteur. Après le fléau des gelées en avril et mai, vient celui des insectes, de ces nombreux rongeurs dont la voracité détruit les chênes les plus robustes comme les plantes les plus fragiles. Les diverses variétés de chenilles, de pucerons, de mouches, etc., s'attaquent par millions aux feuilles, aux fleurs et aux fruits; les larves exercent leurs ravages dans les racines, sous l'écorce, dans les tissus ligneux. Les arbustes, les arbres restent dépouillés et meurent; les légumes, les fleurs, des récoltes entières sont anéanties. Et contre de pareils désastres, l'agriculteur, avec le sentiment de son impuissance, n'a d'autre ressource que la résignation. Le printemps que nous venons de traverser laissera, sur ce point, de pénibles souvenirs.

L'innombrable famille des insectes semble s'être multipliée d'une façon inouïe, par cela surtout peut-être que nous voyons de jour en jour s'affaiblir et tendre à disparaître notre plus puissant, notre seul moyen de défense.

Qui n'est frappé, en effet, de la rareté, chaque année plus grande, des petits oiseaux, ces hôtes charmants et tout à la fois les défenseurs actifs de nos jardins, de nos vergers, de nos forêts, de nos récoltes? Il y a vingt-cinq à trente ans à peine, on les voyait par bandes, par milliers dans le département de la Haute-Vienne ; nos marchés en étaient abondamment pourvus en hiver, et pourtant, le nombre ne semblait pas en être diminué ! Au printemps suivant, on retrouvait partout dans nos jardins, dans les haies, dans les bois, dans nos récoltes, le nid de la mésange, du pinson, de la fauvette, du rouge-gorge, de l'alouette, du rossignol, du chardonneret, de la grive, du merle, tous ardents destructeurs des larves, des chenilles, des insectes de toute sorte. Maintenant, au contraire, à peine en voyons-nous quelques rares individus !

Quelle peut être la cause de cette grande diminution pour toutes les espèces, de cette disparition presque complète pour quelques-unes, la grive et le merle en particulier ? Ce n'est pas la consommation ; ils ne paraissent plus sur nos marchés. Les enfants, mieux tenus, mieux surveillés, fréquentant les écoles en bien plus grand nombre, détruisent assurément moins de nids que par le passé. Grâce à une exploitation plus régulière et plus fréquente, nos forêts ne sont plus peuplées comme autrefois de renards, de chats sauvages, de fouines, de belettes, tous animaux hostiles aux oiseaux et au gibier.

Mais je n'étonnerai personne en signalant comme le principal, le véritable auteur du mal, la *pie*, cet oiseau vorace et rusé, hardi et méchant tout à la fois, qui s'attaque aussi bien aux récoltes qu'aux oiseaux, au gibier qu'aux volailles. La pie était extrêmement rare dans nos contrées, il y a trente ans; on la voit, au contraire, aujourd'hui par centaines, infester nos campagnes, les routes, les abords des villages, des bourgs, des villes même : triste résultat de sa prodigieuse fécondité, avec ses trois ou quatre couvées à cinq ou six petits chaque fois; de la position et de la structure de son nid qui la met à l'abri de toute attaque; de l'indifférence de chacun à la détruire, sa prise n'offrant aucun intérêt direct au point de vue du lucre et de la consommation !

Douée d'une intelligence vraiment remarquable, la pie pose habituellement son nid au sommet d'un arbre dominant un verger, un jardin, une prairie, une récolte quelconque. De là, comme d'un observatoire, elle guette et surprend au loin les démarches, les nombreuses allées et venues des oiseaux recueillant les insectes destinés à la pâture de leurs petits. Elle les a vus pénétrer plusieurs fois, avec leur butin, dans le même arbre, dans le même buisson ; son instinct destructeur ne saurait la tromper ; là est une proie pour elle et pour sa famille. Ailleurs, une couvée a échappé à ses recherches ; les jeunes oiseaux, épars sur les branches, incapables de se suffire à eux-mêmes et de connaître le danger, appellent leurs parents par un cri particulier. Elle a compris ce cri, elle accourt, elle fouille partout dans les branches, sous les feuilles, dans les herbes, et, en peu d'instants, tout est saisi. J'ai passé de longues heures à l'observer dans ce manége qui lui réussit toujours.

Si les jeunes oiseaux lui manquent, alors elle se rapproche de nos basse-cours. Elle a vu de loin des poussins et de jeunes canards ; son regard a bientôt choisi, à proximité, un poste dans un arbre, dans un buisson épais, d'où elle observe patiemment, attend et saisit le moment favorable pour fondre sur la jeune couvée dont nos ménagères voient bientôt, avec chagrin, diminuer le nombre.

A l'intérêt de l'agriculteur, nous pouvons associer celui de chasseur et du consommateur. Il me suffira de citer quelques faits dont je puis garantir l'exactitude. Au mois de juin dernier, l'attention d'un de mes amis fut attirée, à quelques mètres de la route, par les cris, les évolutions de plusieurs pies qui semblaient se disputer quelque chose. Il vit en même temps une perdrix dont le vol lent, incertain révélait l'anxiété. Il se douta de la réalité ; et, pénétrant dans la bruyère, il trouva, morts sur place, une compagnie entière de perdreaux éclos de quelques jours à peine. Ce massacre était l'ouvrage des pies. Deux laboureurs, occupés à semer leur blé noir, m'ont récemment montré une belle perdrix rouge, chaude encore, que trois ou quatre pies venaient de surprendre et de tuer sur son nid.

Le très jeune lièvre même n'échappe pas à la voracité de cet oiseau malfaisant ; dès qu'une pie l'a aperçu, elle appelle ses compagnes qui accourent, entourent le jeune animal, le harcèlent dans sa fuite, l'accablent de coups de bec et s'en emparent presque toujours. J'ai vu un levraut, d'un demi-kilo environ, dont elles venaient ainsi de dévorer les yeux et la cervelle. Sans méconnaître l'influence fâcheuse du braconnage et la nécessité de le réprimer, ne trouvons-nous pas dans les faits que je viens de signaler la cause principale de la rareté du gibier ?

Enfin, si les proies vivantes manquent à la pie, elle s'attaque aux fruits, aux récoltes de toute nature. Chaque coup de son bec acéré détache un épi d'avoine, de seigle, de froment, de maïs ; mais ses plus terribles ravages portent sur les gerbes de blé noir dressées dans les champs par le laboureur obligé, avant de les rentrer, d'attendre la dessication. En quelques minutes, deux ou trois pies réunies ont dépouillé ces gerbes de tous leurs grains absorbés ou répandus à terre.

La multiplication des pies est donc un véritable fléau. Il est urgent de les poursuivre sans trêve ni merci, de leur faire une guerre d'extermination. Le moyen me semble d'une exécution facile, et, avec l'appui de l'administration, deux ou trois années peuvent suffire.

Si je ne me trompe, le Conseil général de la Haute-Vienne alloue, chaque année, la somme de 500 fr. pour primes d'encouragement à la destruction des loups. Ces primes, autrefois, trouvaient leur opportunité dans le nombre considérable de ces animaux qui se multipliaient sans peine dans nos immenses forêts presque séculaires, forêts dont les propriétaires négligeaient l'exploitation par l'impossibilité d'en tirer un produit notable.

Les armes à feu étaient rares dans nos campagnes, et les villageois, ne pouvant attaquer les loups qu'avec leurs fourches ou autres instruments de ce genre, s'exposaient à un véritable danger. Il fallait les intéresser à braver le péril ; les primes avaient donc leur utilité. Mais aujourd'hui, chaque paysan est possesseur d'un fusil, et les loups sont peu communs. Aussitôt que la présence d'un de ces carnassiers est signalée quelque part, chacun s'empresse d'apprêter son arme, de choisir son poste et de guetter l'ennemi qui ne tarde pas à succomber. Et tenez pour certain que, dans cet empressement, nul n'a songé à la prime. Le besoin de protéger le troupeau, l'honneur seul d'avoir tué un loup suffit pour entraîner nos hommes qui, du reste, ne courent plus aucun danger sérieux, l'attaque ne se faisant plus de face ni de près. Ils réclament ensuite la prime, cela est naturel ; mais, depuis bien des années, la prime est parfaitement innocente de la mort de toute bête fauve.

Dans cette conviction, je proposerai donc la suppression de ces primes, et leur conversion en primes d'encouragement pour la destruction des pies, sur les bases suivantes :

fr.   c.

1° Au lieu de 500 fr., le conseil général allouerait 1,000 »
2° Les communes seraient invitées par M. le préfet
à s'imposer chacune de 30 fr.; soit pour les deux
cents communes du département de la Haute-Vienne 6,000 »

ENSEMBLE............ 7,000 »

Les conseillers municipaux, presque tous propriétaires ou
chasseurs, accepteraient volontiers ce léger sacrifice, et si,
dans quelques communes, cette allocation de 30 fr. était insuffisante, les maires seraient autorisés à en dépasser le chiffre
en anticipant sur les crédits à venir.

Ce total de 7,000 fr. serait ainsi réparti :   fr. c.
1° Pour les œufs de pie..................... 1,500 »
2° Pour les jeunes pies prises au nid........... 2,500 »
3° Pour les pies prises ou tuées hors du nid et
dont le développement serait complet............ 3,000 »

TOTAL égal aux sommes allouées.... 7,000 »

On obtiendrait ainsi les livraisons suivantes :   livraisons.
1° Pour 1,500 fr. et à cinq centimes l'œuf........ 30,000
2° Pour 2,500 fr. et à dix centimes la pie prise au
nid.. 25,000
3° Pour 3,000 fr. à vingt centimes la pie prise ou
tuée hors du nid.................................... 15,000

TOTAL des livraisons dans l'année et pour
le département de la Haute-Vienne.... 70,000
livraisons d'œufs ou de pies.

Pour encourager cette chasse nécessairement tolérée pendant
l'année entière, et faciliter le payement des primes, les maires,
sur la présentation des œufs et des pies qu'ils détruiraient immédiatement, délivreraient, aux porteurs, des mandats paya-
bles à vue chez le receveur municipal de la commune. M. le
préfet de la Haute-Vienne serait prié aussi d'inviter ses collè-
gues des départements voisins à prendre des mesures analogues.

Avec ce mode fort simple, au bout de deux ou trois ans,

sous la double pression de l'intérêt et du plaisir d'une chasse facile, les pies deviendraient aussi rares qu'elles sont nombreuses aujourd'hui. Le gibier reparaîtrait, et, pendant quelques années encore, par une prohibition sévère non-seulement de la chasse, mais de la vente et du colportage des petits oiseaux, ces derniers se multiplieraient bien vite. Ils ne tarderaient pas à rentrer dans les vues de la Providence, en rendant à nos campagnes les services et le charme pour lesquels ils paraissent avoir été créés.

ARBORICULTURE FRUITIÈRE AU POINT DE VUE DU DOMAINE.

Une ferme, tenue de longue date par un propriétaire aisé, intelligent et soigneux, offre toujours un attrait irrésistible à l'attention du visiteur étranger. L'intérêt est éveillé, sinon par le luxe, l'harmonie ou la régularité des constructions, du moins par l'ensemble des conditions propres à assurer le succès de l'exploitation. Les bâtiments sont spacieux, larges, bien aérés. L'outillage est complet sans superfluité. Des récoltes riches et variées couvrent la terre travaillée selon les principes d'une culture fructueuse. Le niveau, et non le cordeau, a présidé au rigolage des prairies assainies par le drainage, amendées par de fréquentes fumures. L'arboriculture fruitière enfin s'y développe selon les principes de la véritable économie rurale.

Là, point d'encombrement d'arbres mutilés par l'âge, improductifs, funestes aux récoltes, désagréables à la vue. Le verger est planté d'arbres fruitiers, tels que le pommier, le poirier, le cerisier, le prunier, le noyer, d'espèces variées et choisies, tous en lignes, bien espacés, habilement émondés, renouvelés en temps opportun. Ce dernier soin est fort important. Le propriétaire le sait : il ne tolère pas un arbre rendu stérile ou disgracieux par un accident quelconque. Dans son jardin, point d'arbres à hautes tiges, à larges rameaux, portant la stérilité dans les carrés. Rien n'obstrue, n'intercepte la vue. Des poiriers taillés en quenouille, point trop nombreux, suivent des lignes parallèles aux allées; les murs sont tapissés d'espaliers ou de treilles : l'ordre, le soin, l'intelligence se manifestent partout.

Comparons à cet état de choses l'aspect des arbres fruitiers dans un de nos domaines pris au hasard. Pour première impression, le désordre, l'incurie; quelques instants de réflexion révèlent bientôt de la part du propriétaire et du colon une ignorance absolue de leurs véritables intérêts. Sur le jardin du maître, comme sur celui du métayer, dans le coudert, dans les enclos, sur les parcelles de terre et même de prairies voisines des bâtiments, se heurtent, s'entremêlent dans une confusion inexprimable, le poirier, le pommier, le cerisier, le prunier, le noyer, le chêne même. Pour la plupart, ils ont pris spontanément naissance au milieu et à la faveur des hautes et larges haies de buissons, de houx, de ronces, qui entourent et dévorent ces pièces d'héritage. Quelques arbres, greffés d'espèces médiocres, sont étouffés par d'autres arbres non greffés plus vigoureux et plus jeunes. Les branches du cerisier s'entrelacent dans celles des autres essences au milieu desquelles s'élèvent des troncs hideux dépouillés de leurs rameaux par les années, par le vent, par l'orage. La mousse, le lichen, le lierre, le gui, le chèvrefeuille les rongent et les couvrent d'ulcères. L'épaisseur du feuillage ne parvient pas toujours à dissimuler le bois mort et desséché. Jamais de taille, jamais d'élagage, à moins qu'une main inintelligente ne vienne, par la suppression brutale des grosses branches, couronner l'arbre qu'elle croyait rajeunir et auquel elle donne la mort. On croira peut-être à l'exagération? Pour vérifier le fait, il suffit de quelques heures de promenade à deux ou trois kilomètres de l'enceinte des villes.

Quel intérêt peuvent avoir les propriétaires à la conservation de cette masse d'arbres disgracieux et nuisibles? S'ils produisent du fruit, ce fruit est sans beauté. Dans les bonnes années, son abondance même le prive de toute valeur. Le peu de modération que mettent nos villageois à consommer ces fruits de mauvaise qualité a pour résultat infaillible l'altération de leur santé pendant les grandes chaleurs. La fièvre, les affections plus ou moins cholériques, sévissent alors dans les campagnes. L'hygiène publique en éprouve une profonde atteinte. Nos gens y mettraient plus de sobriété, si leurs fruits avaient une véritable valeur vénale.

Sous cette sombre voûte de feuillage, les récoltes s'étiolent par le défaut d'insolation, par l'épuisement de la sève, que métayer laisse passer le meilleur temps pour l'ensemencement de ses céréales. Presque toujours trop tardives et faites à la hâte, ses semailles lèvent mal, se développent plus mal encore. La châtaigne devient ainsi pour lui, pour le propriétaire surtout, la cause d'un déficit considérable sur ses récoltes principales.

Enfin, le produit de la paille décuplerait la valeur assez minime des feuilles d'une châtaigneraie supprimée et convertie en terre arable. Supposons à cette châtaigneraie une contenance superficielle d'un hectare, avec quatre-vingts châtaigniers en plein rapport et dans les meilleures conditions. Le produit moyen de chaque arbre ne dépasse certes pas un quart de sac ou 25 litres, soit, pour les quatre-vingts sujets, 20 hectolitres qui, à 2 fr., produiraient........................ 40 fr.

Cette même châtaigneraie fournirait, pour litière, vingt charretées environ de feuilles ou de fougères, à 2 fr... 40

Produit brut de notre hectare en châtaigneraie..... 80 fr.
dont il faut déduire pour l'enlèvement des châtaignes à 0,50 par sac, et de la litière à 1 fr. par charretée..... 30

RESTE net.............. 50 fr.

Ce même hectare converti en terre arable, chaulée, bien fumée, amendée par la culture des fourrages verts, donnerait une moyenne de 300 gerbes et de 30 hectolitres de seigle (1).

30 hectolitres à 10 fr........................ 300 fr.

300 bottes de paille, à 5 par 50 kilog., donnent 60 quintaux non métriques, à 2 fr.............. 120

Produit brut de l'hectare en terre.............. 420 fr.
Déduction pour frais d'ensemencement, de récolte, de battage : 5 fr. par hectolitre, ou 30 fois 5 fr., soit.. 150

RESTE un produit net de........ 270 fr.

La culture de ce même hectare en froment, et mieux encore

(1) Ce résultat n'est pas douteux. La chose a été démontrée jusqu'à l'évidence dans la Causerie agricole insérée au *Courrier du Centre* du 23 mai 1867.

en fourrages naturels ou artificiels, augmenterait d'un tiers au moins ce produit net, qui atteindrait ainsi le chiffre de 360 fr.

Ainsi, sur le produit net en châtaigneraie, nous aurions, par la culture du seigle, un excédant de................ 220 fr. et par la culture du froment ou des fourrages, un excédant de.. 310 fr.,

Un léger prélèvement sur cet excédant suffirait pour remplacer, comme combustible, les branches, d'assez mauvaise qualité, perdues par la suppression de la châtaigneraie.

Tout cela est encore vrai.

Plus de châtaigneraies, concluent alors les détracteurs.

Ces deux opinions, basées l'une et l'autre sur des données positives, sur des faits certains, conduisent néanmoins à deux conclusions parfaitement contradictoires. Il en est toujours ainsi lorsqu'on pousse jusqu'à l'extrême les conséquences d'un principe posé d'une façon absolue. Dans toute question, les questions agricoles plus que les autres, le point pratique et utile se trouve rarement à l'une des deux extrémités. Il faut chercher ce point à une distance à peu près égale de l'une et de l'autre. Là, nous trouverons, je crois, la véritable voie à suivre en ce qui concerne la culture du châtaignier.

Cette culture doit dépendre essentiellement de la constitution même du domaine.

Dans une réserve ou domaine de 15 à 25 hectares agglomérés, dont toutes les parcelles forment un ensemble compacte et propre à la culture des prairies, des fourrages verts et des céréales, on ne doit pas hésiter à supprimer les châtaigneraies. Tout est profit pour le propriétaire dans cette suppression. La plus-value considérable du produit des fourrages et des grains indemnisera largement le colon de la perte de ses châtaignes. Il en retrouvera, du reste, l'équivalent dans la plantation de châtaigniers en bordure sur les confins de la propriété. On évitera de placer cette bordure du côté du levant, c'est-à-dire de l'est au sud. L'ombrage des châtaigniers devenus grands nuirait trop à la culture. Elle devra s'étendre de l'est à l'ouest, en passant par le nord. Les sujets seront plantés à 15 ou 18 mètres les uns des autres et à 5 mètres de la limite. Cinquante à soixante châtaigniers, greffés des espèces les plus productives, émondés avec soin, fertilisés par les d'innombrables racines absorbent de toutes parts. Rien de plus propre à favoriser l'éclosion des insectes si dangereux et si nuisibles. Ils s'y multiplient avec une facilité d'autant plus grande que tous les moyens semblent bons pour la destruction des petits oiseaux seuls capables de nous delivrer de ce fléau. La pie seule y trouve son compte. Elle y porte ses ravages et y pullule fort à l'aise.

Pourquoi donc nos propriétaires hésiteraient-ils à modifier cet état de choses? Qu'ils fassent table rase de tous ces arbres dont le moindre défaut est l'inutilité, de ces haies si fatales à la bonne culture. Les haies, si elles ne peuvent être supprimées, seraient remplacées avec toutes sortes d'avantages par des plants d'aubépine ou même de noisetiers. Ce genre de clôture, surveillée et facilement dirigée, devient impénétrable aux animaux et n'a pas de tendance envahissante comme le houx, le buisson noir, la ronce, etc. On plantera sur les bordures quelques arbres de choix à de grandes distances (15 mètres au moins les uns des autres, greffés des espèces les meilleures et les plus productives; dans les jardins, quelques quenouilles, véritables arbustes d'ornement et de profit à la fois. L'enclos seul, spacieux autant que faire se pourra, et tourné dans la direction du levant au couchant, sera planté, sur toute sa superficie, de sujets sains et vigoureux, greffés avec soin, bien alignés, et distants les uns des autres de 18 à 20 mètres. Le soin de l'élagage et de la taille ne sera pas abandonné au métayer, généralement peu soigneux et peu expérimenté. Cette opération devra être confiée à un homme expert dans ces matières; deux ou trois journées suffiront annuellement pour ce travail.

La dépense est presque toujours le principal obstacle à toute transformation ou amélioration rurale. Ici, point de capital perdu ou compromis. La mesure proposée, loin de nous imposer une dépense quelconque, sera pour nous au contraire un moyen de réaliser un profit immédiat. Si l'arrachage des arbres et des haies, l'achat et la plantation des nouveaux sujets et de l'aubépine ou noisetier, exigent une avance de 100 francs, nous retirerons certainement 150 fr. des débris de ces arbres et de ces haies convertis en bois pour le feu.

Comme conséquence : réalisation d'une somme actuelle; amélioration de notre terrain le plus précieux; certitude, dans

8

l'avenir, de fruits meilleurs et d'un débit plus facile; embellissement des abords aujourd'hui si disgracieux de nos domaines.

Cette question nous conduit naturellement à parler du châtaignier, l'arbre qui, de tous ceux de notre contrée, a soulevé le plus de discussions. Il a ses détracteurs et ses partisans. Mais les uns me paraissent avoir singulièrement exagéré le dommage, les autres l'utilité de la culture du châtaignier.

Le châtaignier, disent ses partisans, est l'arbre par excellence. Il donne, sans culture, ses feuilles pour la litière, son bois pour le chauffage, son fruit tombant, pour ainsi dire, du ciel comme la manne. Pendant une bonne partie de l'année, il fournit aux habitants de la campagne un aliment tout préparé, une nourriture abondante et précieuse pour les animaux. La châtaigne est aussi un fruit savoureux et agréable que le riche aime à voir paraître sur sa table.

Tout cela est vrai.

Il faut donc, concluent ses partisans, propager cet arbre; on ne saurait donner trop d'extension aux châtaigneraies.

Mais, répondent ses détracteurs, les châtaigneraies occupent le plus souvent des terrains précieux. Par des dérivations de sources ou de cours d'eau inutiles et quelquefois nuisibles dans l'état actuel, ces terrains seraient facilement convertis en prairies fertiles, ou prendraient la place de terres devenues prairies elles-mêmes. Les fourrages seraient ainsi augmentés dans des proportions notables. Cet accroissement de fourrages produirait un résultat analogue sur la quantité et la qualité des fumiers, et, par suite, sur le produit du bétail et des céréales, un excédant bien suffisant pour compenser plusieurs fois la perte de la châtaigne. D'ailleurs, au point de vue de l'alimentation, ce fruit n'a pas toute la valeur qu'on lui suppose. La châtaigne, en effet, contient plus de 50 p. o/o de parties aqueuses; elle est peu nutritive, elle surcharge l'estomac sans lui fournir une compensation suffisante. Aussi les populations réduites à cette nourriture sont-elles lentes à se développer et restent-elles faibles et de petite taille. La perspective d'une récolte venue sans peine et qu'il croit assurée dégoûte son possesseur des travaux pénibles et le porte à la paresse. En outre, absorbé par le soin de ramasser la châtaigne, qui est sa propriété exclusive dans le canton de Saint-Léonard et autres cantons voisins, le

TABLE DES MATIÈRES.

PREMIÈRE PARTIE.

TROISIÈME PARTIE.

De la prairie naturelle.

Typ. Chatras et Cie — Limoges.

labours annuels, donneront ainsi un fruit plus abondant et meilleur que tous les arbres d'une châtaigneraie de deux hectares.

Si le domaine a plus d'étendue ou s'il est morcelé, s'il a des parcelles éloignées d'un difficile abord pour les charrettes et peu propres à la culture des fourragères et des céréales, ces parcelles seront utilement maintenues ou converties en châtaigneraies pour l'approvisionnement des métayers ou domestiques.

Enfin, les châtaigneraies peuvent avoir plus d'extension dans certains domaines d'une contenance superficielle très considérable que le défaut d'engrais et de bras ne permettrait pas de cultiver en totalité. Mais alors les châtaigneraies proprement dites ne doivent pas excéder les besoins des colons. Le surplus doit être rasé et changé en taillis de châtaigniers dont les produits sont si utiles à la tonnellerie, et auxquels les débouchés dans les pays vignobles donnent chaque année une plus grande valeur.

FIN.

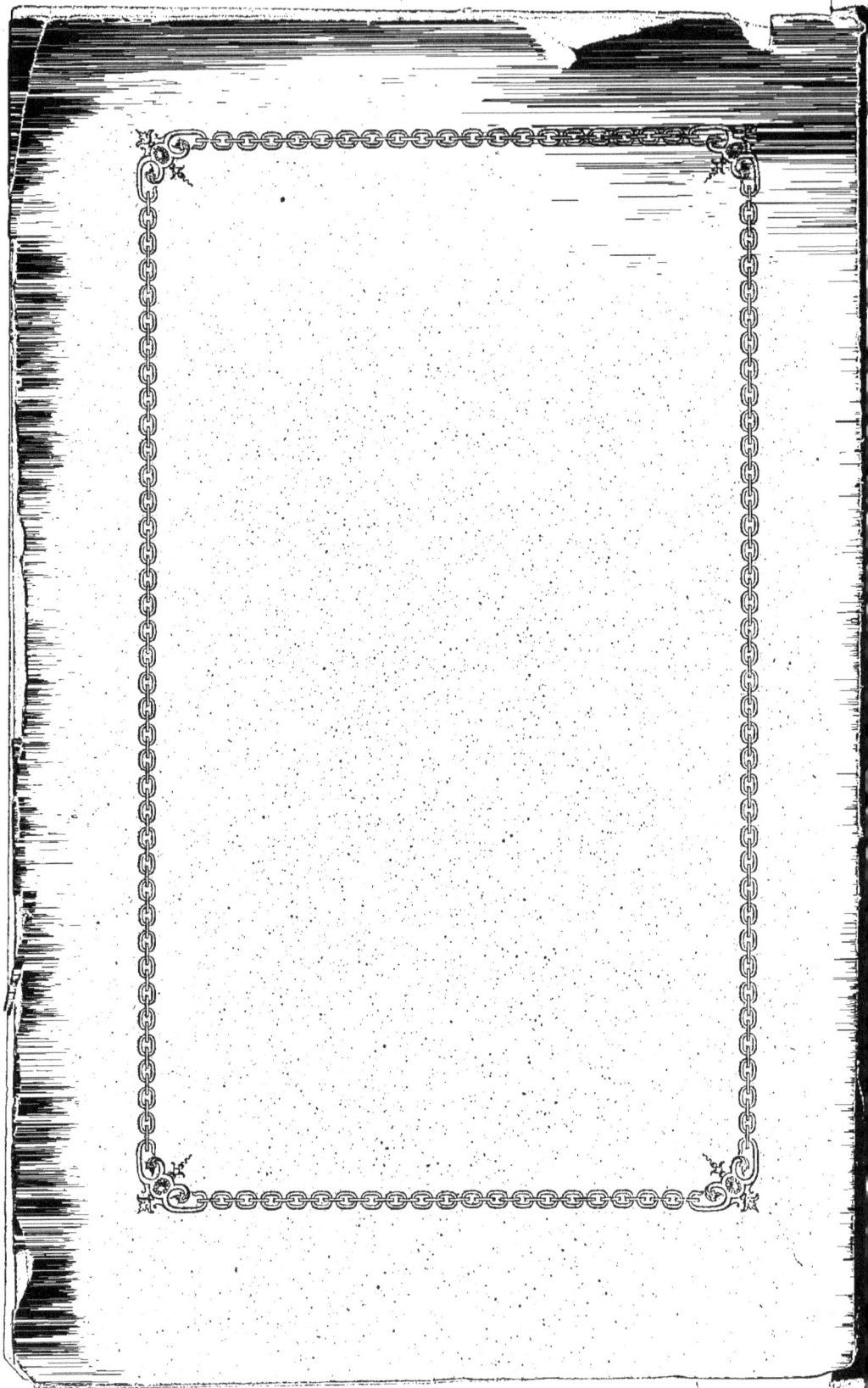

www.ingramcontent.com/pod-product-compliance
Lightning Source LLC
Chambersburg PA
CBHW032323210326
41519CB00058B/5368